Peter Brandl

30 Minuten

Verhandeln

Bibliografische Information der Deutschen Nationalbibliothek

Die Deutsche Nationalbibliothek verzeichnet diese Publikation in der Deutschen Nationalbibliografie; detaillierte bibliografische Daten sind im Internet über http://dnb.d-nb.de abrufbar.

Umschlaggestaltung: die imprimatur, Hainburg
Umschlagkonzept: Martin Zech Design, Bremen
Lektorat: Dr. Sandra Krebs, GABAL Verlag GmbH
Satz: Zerosoft, Timisoara (Rumänien)
Druck und Verarbeitung: Salzland Druck, Staßfurt

3. Auflage 2017

Printed in Germany

ISBN 978-3-86936-353-0

In 30 Minuten wissen Sie mehr!

Dieses Buch ist so konzipiert, dass Sie in kurzer Zeit prägnante und fundierte Informationen aufnehmen können. Mithilfe eines Leitsystems werden Sie durch das Buch geführt. Es erlaubt Ihnen, innerhalb Ihres persönlichen Zeitkontingents (von 10 bis 30 Minuten) das Wesentliche zu erfassen.

Kurze Lesezeit

In 30 Minuten können Sie das ganze Buch lesen. Wenn Sie weniger Zeit haben, lesen Sie gezielt nur die Stellen, die für Sie wichtige Informationen beinhalten.

- Alle wichtigen Informationen sind blau gedruckt.
- Schlüsselfragen mit Seitenverweisen zu Beginn eines jeden Kapitels erlauben eine schnelle Orientierung: Sie blättern direkt auf die Seite, die Ihre Wissenslücke schließt.
- *Zahlreiche Zusammenfassungen innerhalb der Kapitel erlauben das schnelle Querlesen.*
- Ein Fast Reader am Ende des Buches fasst alle wichtigen Aspekte zusammen.
- Ein Register erleichtert das Nachschlagen.

Inhalt

Vorwort

Warum bekommen manche Menschen scheinbar mühelos das, was sie wollen? Warum gelingt es manchen ganz einfach, Ziele durchzusetzen, während andere fast immer den Kürzeren ziehen? Gibt es so etwas wie ein Verhandlungsgen oder den geborenen Verhandelnden?

Natürlich nicht! Verhandeln ist ein Handwerk wie jedes andere auch. Etwas, das man lernen kann und wofür es Werkzeuge gibt, die für jeden anwendbar sind.

Und das nicht nur im Berufsleben. Wir verhandeln ständig; natürlich im Job, aber auch zu Hause, wenn entschieden wird, wohin die Familie in den Urlaub fährt, bei Anschaffungen oder selbst wenn es darum geht, ob oder wann die Kinder ins Bett gehen.

Aber viel zu wenige Menschen kennen diese Werkzeuge. Und daran liegt es wohl, dass in einer wissenschaftlichen Studie über 80 Prozent der Befragten angaben, dass sie mit ihren Verhandlungsergebnissen tendenziell eher unzufrieden sind.

Doch was bedeutet das? Unser ganzes Leben besteht aus Verhandlungen und deshalb hängen persönlicher Erfolg und Zufriedenheit von Verhandlungserfolgen ab.

Und dabei sind effektive Verhandlungen mehr als bloßes Feilschen. Es geht um viel mehr als nur darum, „das meiste" herauszuschlagen.

Wie oft werden Verhandlungsergebnisse schon bald

wieder infrage gestellt und alles beginnt von Neuem? Wirklich gute Ergebnisse sind dauerhaft und versuchen das Optimum für alle Beteiligten herauszuholen.
Das Schlagwort „Win-win-Lösungen" wird oft als praxisferner Idealismus belächelt. Doch wenn solche Lösungen möglich wären, was müsste man dafür tun?
Wir verhandeln jeden Tag. Und dieses Buch zeigt Ihnen, wie Sie in diesen Verhandlungen bessere Ergebnisse erzielen, wie Sie erfolgreicher und gleichzeitig leichter das erreichen, was Sie erreichen wollen.
Am Ende geht es darum, dass Sie sich Ihr Leben etwas leichter machen können, im Beruf, aber auch im Privatleben. Dafür habe ich dieses Buch geschrieben.

Viel Spaß beim Lesen und viel Erfolg beim Umsetzen!

Ihr
Peter Brandl

www.peterbrandl.com

Die 6 Elemente erfolgreicher Verhandlungen

Verhandlungserfolg ist kein Zufall. Es gibt nicht den brillanten Verhandelnden, der immer und überall mühelos sensationelle Resultate erzielt. Was es auch nicht gibt, ist *die eine* perfekte Methode, die in allen Situationen wirkt. Menschen, Situationen, aber auch Ziele und Inhalte von Verhandlungen sind unterschiedlich.
Was es aber gibt, ist ein strukturiertes System, das Ihnen dabei hilft, in zukünftigen Verhandlungen einfacher und effektiver Ihre Interessen durchzusetzen. Dieses System umfasst sechs Komponenten:

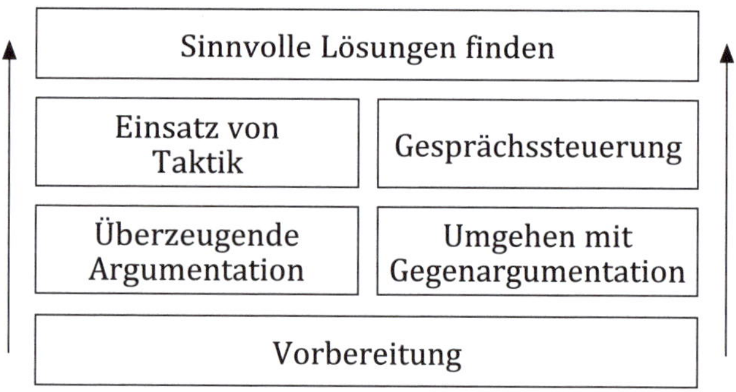

Der erste Baustein „Vorbereitung“ nimmt eine besondere Stellung im System ein. Hier entscheiden Sie nämlich, wie gut gerüstet Sie in Ihre Verhandlungen gehen, oder aber, wie leicht Sie zu überraschen und zu verunsichern sind.

Durch den zweiten Baustein „Überzeugende Argumentation“ lernen Sie, wie Sie Ihre Argumente so aufbauen, dass sie eine maximale Wirkung, also die höchstmögliche Überzeugungskraft erzielen.
Natürlich müssen Sie davon ausgehen, dass Ihr Gegenpart Ihnen nicht sofort zustimmt. Deshalb geht es beim dritten Baustein darum, wie Sie professionell auf Gegenargumente reagieren und diese sogar zu Ihrem Vorteil nutzen.
Wichtige Verhandlungen haben immer eine Dynamik. Sie durchlaufen verschiedene Phasen, werden aber auch durch Konflikte beeinflusst. Der vierte Baustein zeigt Ihnen deshalb, wie Sie Gespräche steuern und gezielt in die gewollte Richtung lenken.
Beim fünften Baustein geht es um Ihre taktischen Möglichkeiten, also die Tricks und Kniffe, mit denen Sie Ihre Verhandlungsposition verbessern können.
Jede Verhandlung hat immer etwas von Geben und Nehmen. So hat jeder „Sieg“ in einer Verhandlung Konsequenzen, einen Preis. Und manchmal kann dieser Preis sehr hoch sein. Lernen Sie durch den sechsten Baustein „Sinnvolle Lösungen finden“, wie Sie Win-win-Verhandlungskonzepte einsetzen, um die jeweils besten Ergebnisse zu erzielen.
Alle sechs Komponenten bauen aufeinander auf. In diesem Buch werden Sie das komplette System mit allen Bausteinen kennenlernen, denn jeder Baustein entspricht einem Kapitel. Sie können aber auch direkt zu einem einzelnen Kapitel springen, wenn Sie Ihre Stärken ganz gezielt ausbauen wollen.

30 MINUTEN

Kennen Sie den Unterschied zwischen Taktik und Strategie?

Seite 12

Wie bereiten Sie sich systematisch auf Ihre Verhandlung vor?

Seite 15

Mit welcher Erstforderung gehen Sie in die Verhandlung?

Seite 21

1. Vorbereitung

Eigentlich ist es doch selbstverständlich, dass Sie sich gut auf eine Verhandlung vorbereiten. Nichtsdestotrotz erlebe ich immer wieder, dass genau hier fast schon fahrlässig geschlampt wird. Sprüche wie „Es kommt sowieso anders, als man denkt" höre ich genauso wie die Ausrede, dass einfach nicht genügend Zeit war, um sich sauber vorzubereiten.

Wirklich erfolgreiche Verhandelnde bereiten sich vor! Sie planen ihre Argumente, sie nehmen Gegenargumente vorweg und spielen möglichst alle denkbaren Szenarien durch. Ziel ist es, immer aus einer aktiven Rolle heraus agieren zu können und nie durch „Überraschungen" in die Defensive gedrängt zu werden.

In diesem Kapitel erfahren Sie, wie Sie eine Verhandlungsstrategie entwickeln und taktische Interventionen planen, um Ihre Strategie dann auch praktisch umzusetzen.

1.1 Strategische Vorbereitung

Strategie bedeutet umfassende und langfristige Planung. Demgegenüber ist Taktik eine Abfolge einzelner Schritte. Wenn wir Strategie und Taktik auf die Musik übertragen, z. B. auf eine Symphonie, dann ist die Strategie das eigentliche Thema und der Spannungsbogen, der sich über die Sätze zieht. Taktik hingegen sind die einzelnen Takte, durch Taktstriche getrennt. Sie merken schon: Beides ist nötig. Ohne Strategie wird das Stück einfach so dahinplätschern. Ohne Taktik ist es unmöglich, die einzelnen Instrumente aufeinander abzustimmen.

Zentrale Elemente der Strategie

Eine sinnvolle strategische Verhandlungsplanung umfasst fünf Elemente:

- eigene Ziele und Interessen
- Ziele und Interessen des anderen
- Alternativen
- Rahmenbedingungen
- nicht anwesende „Beeinflusser"

Strategische Vorbereitung Schritt 1:

Machen Sie sich als Erstes klar, was Sie erreichen wollen. Erstellen Sie eine Liste, auf der Sie alles aufführen, was das Verhandlungsergebnis beinhalten soll. Machen Sie sich in einer zweiten Spalte darüber Gedanken, warum Ihnen diese Punkte wichtig sind. Mit dieser Frage reflektieren Sie Ihre Motive und Interessen.

Strategische Vorbereitung Schritt 2:
Erstellen Sie nun eine zweite Liste, auf der Sie die gleichen Fragen für Ihren Verhandlungspartner beantworten. Was dürften die wichtigsten Ziele Ihres Partners sein und warum sind ihm diese Punkte wichtig?
Bei dieser Liste dürfte Ihnen schnell auffallen, was Sie alles nicht wissen. Fehlendes Wissen aber ist so wie Tontaubenschießen im Nebel: Der Erfolg hängt ausschließlich vom Zufall ab. Erstellen Sie deshalb eine dritte Liste mit allen Punkten, die Sie in Erfahrung bringen müssen.

Strategische Vorbereitung Schritt 3:
Machen Sie sich nun Gedanken darüber, welche Alternativen Sie haben. Wenn Sie z. B. eine Wohnung kaufen wollen, in die Sie vernarrt sind, so haben Sie keine befriedigenden Alternativen. In diesem Fall können Sie unmöglich ein gutes, bestenfalls ein befriedigendes Ergebnis erzielen.
Denken Sie also darüber nach, welche Alternativen Sie haben, wie Sie sich weitere Alternativen verschaffen können und was Sie tun können, um die Qualität Ihrer Alternativen zu verbessern.

Strategische Vorbereitung Schritt 4:
Im vierten Schritt analysieren Sie die Rahmenbedingungen, unter denen Ihre Verhandlung steht. Welchen Zeitdruck haben Sie? Gibt es z. B. gesetzliche Einschränkungen? Wie groß ist der Druck, der auf den Beteiligten

lastet? Was sind die Konsequenzen, die befürchtet werden?
Überlegen Sie nun, was diese Rahmenbedingungen für Ihr strategisches Vorgehen bedeuten. Was können Sie tun, um die Rahmenbedingungen für die Gegenseite negativ, aber für Sie selbst natürlich positiv zu beeinflussen?

Strategische Vorbereitung Schritt 5:
Ein besonderer Reiz liegt bei den nicht anwesenden Beeinflussern. Das kann der Vertriebsleiter sein, der nie einen bestimmten Rabatt zulassen würde, oder ein Ehepartner, der sicher nicht über Wochenendarbeit glücklich ist.
Finden Sie heraus, wer diese Beeinflusser sind. Wer beeinflusst Sie und wer beeinflusst (eventuell) Ihren Verhandlungspartner? Was können Sie tun, um diese Beeinflusser zu Ihrem Vorteil zu nutzen?

Checkliste: Strategische Vorbereitung

Was sind Ihre Ziele?

____

Warum sind Ihnen diese Ziele wichtig?

____

Was sind die Ziele Ihres Verhandlungspartners?

____

Warum sind ihm/ihr diese Ziele wichtig?

____

Welche Alternativen haben Sie?

Welche Alternativen hat Ihr Verhandlungspartner?

Welche Rahmenbedingungen beeinflussen die Verhandlung?

Wer beeinflusst die Verhandlung, ohne anwesend zu sein?

Strategische Verhandlungsvorbereitung ist wichtig, denn sie liefert Ihnen den Rahmen für alles, was Sie weiterhin tun, und erspart Ihnen unangenehme Überraschungen.

1.2 Das MAMA-Prinzip

Nun geht es darum, von Ihren grundsätzlichen Interessen konkrete Ziele und damit so etwas wie den roten Faden Ihrer Verhandlung abzuleiten. Ein hervorragendes Werkzeug hierfür ist das MAMA-Prinzip. Vielleicht erscheint Ihnen das auf den ersten Blick als banal, aber lassen Sie sich nicht täuschen. So einfach, wie dieses Konzept ist, so wirkungsvoll ist es, wenn man es konsequent einsetzt.

M aximalziel
A lternativen
M inimalziel
A usstiegskriterien

1. Maximalziel

Die meisten Menschen überlegen sich, was sie in einer Verhandlung erreichen wollen, z. B. 12 Prozent Rabatt. Das ist sicher nicht schlecht, aber wenn Sie dieses Ziel nicht erreichen können, an was orientieren Sie sich jetzt?
Überlegen Sie sich daher, was Sie idealerweise erreichen wollen. Bleiben Sie aber realistisch. Fantastereien bringen nichts. Ihre Listen aus dem letzten Abschnitt helfen Ihnen, ein wirklich ideales Maximalziel zu formulieren.

2. Alternativen

Alternativen machen Sie im wahrsten Sinne des Wortes beweglich. Worauf können Sie verzichten? Wo können Sie sich andere Lösungen vorstellen?
Leider wird in den meisten Verhandlungen nur über den Preis geredet. Dabei gibt es so viele andere wichtige Parameter: Lieferzeiten, qualitative Ausstattungen, Service usw. Denken Sie auch über Alternativen außerhalb der Verhandlung nach. Ganz klassisch ist hier natürlich das Vergleichsangebot.
Also: Welche Optionen haben Sie, für die Sie Ihren Verhandlungspartner überhaupt nicht brauchen? Sie kön-

nen sich sicher vorstellen: Je mehr Alternativen Sie haben, umso stärker wird Ihre Verhandlungsposition.

3. Minimalziel

Oft ist es so, dass Menschen aus Verhandlungen kommen und das Ergebnis ist schlechter, als es gewesen wäre, wenn sie gar nicht hingegangen wären. Überlegen Sie: Was müssen Sie mindestens erreichen?
Unter Stress und Druck verliert man leicht das „große Ganze" aus den Augen oder macht unangemessene Zugeständnisse, die sich später als schwerwiegende Hypothek herausstellen. Ihr Minimalziel sollte also die Linie sein, die Sie auf keinen Fall unterschreiten.

4. Ausstiegskriterien

Was tun Sie aber, wenn Sie Ihre Minimalziele nicht halten können? Dann brechen Sie ab! Ihr Minimalziel war die absolute Mindestgröße, auf die Sie sich vorher festgelegt haben. Wenn diese Linie nicht durchsetzbar ist, dann gibt es für Sie keinen Grund mehr, in der Verhandlung zu bleiben.
Vorsicht: Bluffen Sie nie mit Ausstiegskriterien! Diese Technik hat eine starke Kraft, aber nur wenn Ihre Verhandlungspartner wissen, dass es Ihnen ernst ist.

Das MAMA-Prinzip dient Ihnen aber nicht nur als Leitlinie. Gleichzeitig ist es auch Ihre Notbremse. Wenn Sie z. B. mit neuen Fakten konfrontiert werden, die Ihre Planung kollabieren lassen, wenn also Ihr MAMA-Prinzip nicht mehr anwendbar ist, dann brechen Sie ab oder sorgen Sie zumindest für eine Pause.

Checkliste: MAMA-Prinzip

	Für mich	Für den anderen
Maximalziel		
Alternativen		
Minimalziel		
Ausstiegskriterien		

Das MAMA-Prinzip bildet den Rahmen für Ihre Taktik. Es ist Leitlinie, Spielraum, aber auch Notbremse in einem.

1.3 Taktische Vorbereitung

Die wichtigste Frage ist jetzt: Wie stark ist die Ausgangsbasis? Je schwächer diese ist, umso mehr müssen Sie offene oder verdeckte Taktiken anwenden. Ist Ihre Basis sehr stark, so können Sie sich voll und ganz auf Ihre Argumente konzentrieren, müssen aber damit rechnen, dass Ihr Gegenüber taktische Kniffe anwenden wird. Taktische Mittel können Sie grundsätzlich auf drei Ebenen einsetzen:

- Inhaltsebene
- Prozessebene
- Persönliche Ebene

Taktiken auf der Inhaltsebene

Wie der Name schon sagt, geht es hier um den Inhalt, also die sachliche Auseinandersetzung. Die wichtigsten Fragen, die Sie sich stellen müssen, sind, welche Argumente Sie bringen wollen und wann. Genauso wichtig ist es aber, sich zu fragen, welche Argumente Sie *nicht* bringen.

Die meisten Verhandelnden haben die Tendenz, viel zu viel zu reden. Ihr Gegenüber wird sich jedoch nur selten mehr als drei Ihrer Argumente merken. Was aber noch gemeiner ist: Er wird sich Ihr schwächstes Argument aussuchen, dieses genüsslich zerpflücken und alles andere ignorieren.

Suchen Sie sich also Ihre drei stärksten Argumente aus und bereiten Sie diese gut vor (siehe Kapitel 2). Bereiten Sie weitere Argumente als Reserve vor. Versuchen Sie aber, diese Argumente möglichst nicht zu nutzen.

Überlegen Sie nun, was die drei stärksten Argumente Ihres Gegenübers sind. Überlegen Sie weiter, was eine geeignete Strategie der Gegenargumentation sein könnte oder ob es vielleicht sogar besser ist, diese Argumente zu ignorieren und stattdessen Nebenkriegsschauplätze aufzubauen.

Taktiken auf der Prozessebene

Die Prozessebene umfasst Themen wie: Wann wird verhandelt, wie lange und in welcher Reihenfolge? Natürlich wird ein schwacher Verhandlungspartner, wenn er schon keine guten Argumente hat, wenigstens versuchen, den Prozess zu kontrollieren.

Sind Ihre Argumente gut, brauchen Sie sich nicht mit Pseudostreitpunkten und Nebenkriegsschauplätzen aufhalten, sondern führen mit gezielten Fragen immer wieder zum roten Faden zurück.

Persönliche Ebene

Natürlich ist es nicht fair, einen Verhandlungspartner persönlich anzugreifen. Aber das Leben ist kein Ponyhof, und wenn es um viel geht, müssen Sie genau damit rechnen. Ich empfehle Ihnen, auf keinen Fall selbst unfaire, persönliche Attacken zu starten. So etwas fällt immer wieder auf Sie zurück und erschwert die Verhandlung nachhaltig. Allerdings sollten Sie sich darüber Gedanken machen, wo Sie angreifbar oder sogar verletzbar sind. Je mehr Sie sich mit Ihren Schwachpunkten auseinandersetzen, umso eher sind Sie gegen Angriffe immun.

Checkliste: Taktische Vorbereitung

Inhalt:

Was sind meine stärksten Argumente?

Was sind die stärksten Argumente des anderen?

Was sind meine inhaltlichen Schwächen?

Was sind die inhaltlichen Schwächen des anderen?

Wie kann ich diese Schwächen nutzen?

Prozess:
Was sind meine wichtigsten Themen?

Mit welchen Nebenkriegsschauplätzen muss ich rechnen?

Person:
Wo bin ich angreifbar?

Wo bin ich verletzbar?

Was will ich nicht wahrhaben/nicht sehen?

Die taktische Vorbereitung füllt Ihre „Werkzeugkiste". Man kann Taktiken auf der Inhalts- und der Prozessebene sowie auf der Ebene der Person einsetzen. Je besser Sie sich hier vorbereiten, umso weniger kann Sie später überraschen.

1.4 Die Angebot-Plus-Technik

Nun wird es ernst: Mit der Angebot-Plus-Technik konzipieren Sie Ihre Eröffnung, Ihren ersten Zug. Mit Ihrem Minimalziel haben Sie definiert, was Sie mindestens erreichen wollen. Damit steigen Sie natürlich nicht ein, denn: Ihr erstes Angebot definiert gleichzeitig die Obergrenze von dem, was für Sie erreichbar ist. Wenn

Sie jetzt aber nur mit Ihrem Maximalziel einsteigen, dann reduzieren Sie Ihre Verhandlung auf Feilschen. Das mag auf einem Basar Spaß machen, bringt Sie aber kaum zu einer wirklich guten Lösung, die allen Beteiligten nutzt. Hier setzt die Angebot-Plus-Technik an.

1. Schritt: Wenn nicht schon geschehen, definieren Sie jetzt Ihr Maximalziel, also das, was Sie idealerweise erreichen wollen. Addieren Sie jetzt den X-Faktor. Auch wenn Sie tausendmal hören: „Was ist Ihr letzter Preis?" – Menschen wollen gewinnen. Wenn Ihr Gegenüber so großen Spaß daran hat, Sie runterzuhandeln, dann gönnen Sie ihm doch die Freude. Addieren Sie einen bestimmten Aufschlag auf Ihr Idealergebnis. Wie hoch dieser Aufschlag ist, hängt von der Situation und dem Verhandlungsgegenstand ab. In den meisten Fällen dürften Sie mit 10 bis 20 Prozent gut liegen.

2. Schritt: Jetzt finden und entwickeln Sie Alternativen, vor allem solche, auf die Sie verzichten können.
Beispiel: Sie wollen 500 Euro mehr Gehalt. Sie addieren den X-Faktor und fordern mindestens 650 Euro. Als Alternative zu einem höheren Gehalt könnte Ihnen z. B. ein Firmenwagen gefallen. Damit haben Sie eine echte Verhandlungsalternative. Gehen Sie jetzt aber noch weiter und finden Sie Alternativen, die Sie eigentlich gar nicht wollen, die Sie somit wieder aufgeben können. Das könnten z. B. Seminare, ein Einzelbüro und so weiter sein. Seien Sie kreativ!

Durch diese Technik bauen Sie sich Verhandlungsmasse auf. Wenn Sie jetzt natürlich 650 Euro, einen Firmenwagen, mehrere Seminare, ein neues Büro und zusätzlichen Urlaub fordern, dann wird es Ihrem Gesprächspartner wahrscheinlich die Sprache verschlagen – und das ist gut so. Sie dürfen aber auf keinen Fall den dritten Schritt vergessen!

3. Schritt: Ihr Gesprächspartner wird nach dieser Eröffnung sagen, dass es völlig unmöglich ist, das alles zu erreichen. Auf diese Reaktion haben Sie gewartet. Machen Sie deutlich, dass es Ihnen nicht darum geht, alles zu erreichen, dass das aber die Punkte sind, über die Sie reden wollen.

Formel: Angebot-Plus-Technik

Maximalziel + X-Faktor + verzichtbare Alternativen = Verhandlungseröffnung

Eine gute Vorbereitung ist die Basis für ein gutes Verhandlungsergebnis. Diese Vorbereitung muss sowohl auf der strategischen als auch auf der taktischen Ebene ansetzen. Mit dem MAMA-Konzept schaffen Sie sich den strategischen Rahmen Ihrer Verhandlung. Auf der taktischen Seite planen Sie Ihre Argumente. Und Sie machen sich Ihre Stärken und Schwächen auf der Sach-, der Prozess- und der persönlichen Ebene bewusst. Mit der Angebot-Plus-Technik bauen Sie Ihre Verhandlungsmasse auf.

30 MINUTEN

Was genau passiert eigentlich beim Überzeugen?

Seite 26

Wie bauen Sie Ihre Argumente so auf, dass sie maximal wirken?

Seite 27

Was ist der Unterschied zwischen Position und Interesse und wie nutzen Sie beides?

Seite 31

2. Überzeugend argumentieren

Bevor wir über „Überzeugen" nachdenken, müssen wir uns eine ganz simple Unterscheidung klarmachen: Den Unterschied zwischen „Überzeugen" und „Anweisen".
Wenn ein Polizist einen Verdächtigen verhaften will, dann wird er nicht versuchen, den Delinquenten zu überzeugen, mit auf das Revier zu kommen. Er wird es „anweisen". Damit Ihre Anweisungen wirken können, müssen Sie über die Machtmittel verfügen, diese auch durchzusetzen. Fehlen diese Machtmittel, dann gleichen Anweisungen eher einem Zwergenaufstand.
Das Wesen einer Verhandlung ist nun aber, dass man eben nicht über ausreichend Machtmittel verfügt, um seine Forderung einfach durchzusetzen, oder dass diese Machtmittel zumindest gleichmäßig verteilt sind. Wenn Sie sich jedoch nicht einfach durchsetzen können, müssen Sie einen anderen Weg gehen: Und hier kommt die Überzeugung ins Spiel.

2.1 Überzeugung ist ein Gefühl

Die meisten Menschen stellen sich Überzeugung als eine Art „innerer Erörterung" vor, bei der sie alle Argumente abwägen und dann eine vernunftbasierte Entscheidung treffen. Aber ist das wirklich so? Die aktuelle Hirnforschung behauptet das Gegenteil: Überzeugung basiert grundsätzlich auf einer Emotion und wird erst im zweiten Schritt rational gerechtfertigt.

Stellen Sie sich einen Menschen mit Flugangst vor. Rational können die meisten Menschen erklären, warum ein Flugzeug fliegt. Rational weiß auch jeder, dass es gefährlicher ist, mit dem Auto zum Flughafen zu fahren, als nach Amerika zu fliegen. Aber überzeugt uns das wirklich?

Tatsächlich ist jede Entscheidung ein Abwägen zwischen positiven und negativen Konsequenzen. Und diese Konsequenzen sind mit Emotionen verbunden. Bei unserem Flugangstpatienten ist die befürchtete Konsequenz so stark, dass sie die minimale Eintrittswahrscheinlichkeit weit übertrumpft.

Um zu überzeugen, müssen wir also Emotionen bzw. die emotionale Bewertung eines Arguments oder Verhandlungsgegenstands verändern. Ihre besten Argumente helfen nicht, wenn sie mit gegenteiligen Emotionen besetzt sind. Die wichtigsten Emotionen sind Angst, Aggression und Lust mit ihren jeweiligen Unterformen.

Sie sehen: Selbst scheinbar objektive Fakten sind nur

begrenzt überzeugend, wenn es darauf ankommt. Lösen Sie sich also von dieser „Pseudo-Rationalität" und denken Sie lieber darüber nach, wie Sie Ihren Standpunkt und Ihre Argumente emotional aufladen können.

Emotionscheck:

- Erstellen Sie eine Liste mit Ihren Argumenten.
- Prüfen Sie, inwieweit diese Argumente mit Emotionen verbunden sind (v. a. Angst, Aggression, Lust).
- Überlegen Sie, wie Sie diese Emotionen verstärken oder neutralisieren können (je nach Ziel).
- Machen Sie das Gleiche jetzt mit den Argumenten Ihres Verhandlungspartners.

Überzeugung ist das Abwägen von positiven und negativen Konsequenzen. Diese Konsequenzen sind in Wahrheit Emotionen. Derjenige, dem es besser gelingt, seinen Standpunkt zielgerichtet zu emotionalisieren, ist in der Verhandlung im Vorteil.

2.2 Überzeugen mit Nutzenbrücken

Wir haben gesehen, dass die Emotionen und Assoziationen, die wir mit den Argumenten und Standpunkten verbinden, wichtiger sind als Argumente selbst. Assoziationen sind geistige Verknüpfungen. Die überzeugendste Verknüpfung ist die Kopplung eines Arguments an seinen Nutzen für den Gesprächspartner. Um Nutzenverknüpfungen wirkungsvoll anwenden zu können, müssen wir uns zuerst wieder eine wichtige Unterscheidung bewusst machen, nämlich die Unterscheidung zwischen Eigenschaft und Nutzen.

Eigenschaften sind alle beschreibbaren Merkmale; ein Auto hat 200 PS, der Hersteller gibt lebenslange Garantie. Der Nutzen ist, was die Eigenschaft dem Anwender bringt. Vergleichen wir doch mal: „Dieser Koffer hat ein Volumen von 200 Litern und wir geben lebenslange Garantie." Oder: „Dieser Koffer fasst 200 Liter. Das bedeutet für Sie, dass Sie Ihr gesamtes Urlaubsgepäck in einem Koffer verstauen können. Gerade bei Fluggesellschaften, wo Sie für jedes Extragepäckstück zahlen müssen, sparen Sie so viel Geld."

Sie merken: Die zweite Variante ist überzeugender. Natürlich könnten Sie nun entgegnen, dass Sie nicht fliegen, weil Sie Flugangst haben. Der Nutzen ist also stark subjektiv.

Standardnutzen

Es gibt dennoch Standardnutzen, die von den Grundmotiven des Menschen abgeleitet sind, nämlich:

- Geld verdienen/sparen
- Zeit sparen
- Sicherheit
- Flexibilität
- Bequemlichkeit

- Status/Anerkennung
- Spaß/Freude

Stellen Sie sich also immer folgende Frage: „Inwieweit verhilft mein Argument dem anderen zu mehr ...?“ Also z. B.: „Inwieweit verhilft die lebenslange Garantie dem Anwender zu mehr Bequemlichkeit oder Sicherheit?“
Sie merken: Je höher der Nutzen, umso höher kann der Preis sein.

Drei-Schritte-Nutzengenerator

Manche Nutzen sind offensichtlich: Eine lebenslange Garantie bringt Sicherheit. Oft und vor allem in komplexen Verhandlungen ist es nicht ganz so einfach, wirklich gute Nutzenargumente zu finden. Hier hilft Ihnen der Drei-Schritte-Nutzengenerator.

Schritt 1: Erstellen Sie eine Liste mit allen Eigenschaften Ihrer Verhandlungsposition bzw. der von Ihnen angestrebten Lösung.

Schritt 2: Beantworten Sie jetzt zu jeder Eigenschaft die Frage: „Wofür ist das gut?“ Oder aus der Sicht Ihres Verhandlungspartners: „Was habe ich davon?“
Erinnern Sie sich an das Beispiel des Koffers. „Wofür ist ein großes Volumen gut? Was habe ich als Besitzer davon, wenn der Koffer groß ist?“ Antwort: „Ich brauche vielleicht nur einen einzigen Koffer.“

Fragen Sie weiter: „Wofür ist es gut, dass ich mit einem Koffer auskomme?“ Antwort: „Es ist bequemer. Ich muss mich nicht mit zig Gepäckstücken rumärgern.“ Oder: „Ich spare Geld, weil die Airline einen Aufpreis für jedes weitere Gepäckstück berechnet.“
Wenn Sie die Frage „Wofür ist das gut?“ immer wieder stellen, kommen Sie fast immer schnell zu einem der Standardnutzen. Jetzt sind Sie an der Quelle!

Schritt 3: Bauen Sie jetzt die Brücke zwischen Argument und Nutzen. Nach folgendem Schema:

Eigenschaft – Brückenformulierung – Nutzen

Geeignete Brückenformulierungen sind:
- „Das bedeutet für Sie ...“
- „Ihr Vorteil dabei ist ...“
- „Der besondere Nutzen/Die Lösung liegt in ...“

Gehen Sie bitte nie davon aus, dass der Nutzen Ihres Vorschlags offensichtlich ist. Ihre Verhandlungspartner denken nicht für Sie mit. Also: Sagen Sie, was Sie zu bieten haben. Trainieren Sie Nutzenbrücken! Verwenden Sie hierzu ruhig scheinbar abwegige Merkmale: Was hat Ihr Verhandlungspartner davon, dass Sie ein blaues Hemd tragen o. Ä. Gewöhnen Sie sich daran, in Nutzenbrücken zu denken!

Drei-Schritte-Nutzengenerator

1. Merkmal

____

2. „Wofür ist das gut?“ (Standardnutzen)

____

3. Verbinden mit Brückenformulierung („Das bedeutet für Sie ...“)

____

Nutzen wirkt! Mit dem Drei-Schritte-Nutzengenerator entwickeln Sie schnell und effektiv wirkungsvolle, emotional besetzte und überzeugende Nutzenargumente. 30

2.3 Nicht über Positionen, sondern über Interessen verhandeln

Wie häufig haben Sie in einer Verhandlung schon das Gefühl gehabt, es drehte sich alles im Kreis? Vielleicht liegt die Ursache darin, dass Sie nicht über das eigentliche Thema, sondern über vorgeschobene Nebenkriegsschauplätze verhandeln.

Hinter Formalien und Argumenten steht häufig ein übergeordnetes, wichtigeres Thema. So wird z. B. beim Bau von Windkraftanlagen häufig darüber diskutiert, inwieweit diese Dinger das Landschaftsbild verschandeln. Könnte es vielleicht sein, dass das eigentliche Motiv für das Ablehnen der Windräder eher die Angst davor ist, dass das eigene Grundstück an Wert verliert? Oder dass durch die Anlagen eine dauerhafte Lärmbelästigung entsteht? Sie merken: schon wieder Standardnutzen!

Es ist wenig Erfolg versprechend, wenn Sie erneuerbare Energien mit dem Argument ablehnen: „Ich will mein Grundstück verkaufen, und das ist schwerer, wenn in der Nähe ein Windrad steht." Also weichen Sie auf einen anderen Schauplatz aus, der effektiver erscheint.

Sie stimmen sicher zu: Es ist wesentlich effektiver, über das eigentliche Thema zu diskutieren als über vorgeschobene Nebenkriegsschauplätze. Doch wie finden Sie die eigentlichen Interessen heraus? Menschliches Verhalten ist logisch. Nur eben manchmal nicht logisch im Sinne der Ratio, sondern psycho-logisch. Psycho-logisch heißt, jedes Verhalten ist in seinem Kontext sinnvoll. Und damit kommen wir wieder zu der zentralen Frage: Wofür ist das gut?

Von der Position zum Interesse

Stellen Sie sich die Frage: „Wofür ist diese Position gut?" „Wofür ist das gut, wenn das Windrad nicht gebaut wird?" „Wofür ist es gut, wenn das neunjährige Kind noch etwas länger aufbleiben kann?" Beantworten Sie diese Frage immer aus dem Blickwinkel des anderen. Sie wollen ihn überzeugen, also müssen Sie ihn erst einmal verstehen. Und das geht am besten, wenn Sie seine Position einnehmen.

Wenn Sie die eigentlichen Interessen herausgefunden haben, dürfte es gar nicht mehr so schwer sein, Wege zu finden, mit denen diese Interessen bedient werden können. Machen Sie die folgende Übung sowohl auf der Grundlage der Argumente Ihres Verhandlungspartners als auch Ihrer eigenen. Denn oft sind uns auch die eigenen Grundmotive nicht wirklich bewusst.

Position/Argument		Interesse
________________	Wofür ist das gut?	________________
________________	Wofür ist das gut? (Verhandlungspartner)	________________
________________	Wofür ist das gut? (Sie selbst)	________________

Positionen sind meist nur vorgeschobene Nebenkriegsschauplätze. Die zentralen Motive finden 30
sich in den hinter den Positionen liegenden Interessen. Fragen Sie sich immer: „Wofür ist das gut?", um von der Position zum Interesse zu kommen. Verhandeln Sie nur über die Interessen.

2.4 Strukturiert argumentieren

Den meisten Menschen bleiben selbst bei längeren Verhandlungen nur zwei oder drei Aussagen oder Argumente im Gedächtnis. Das bedeutet: Es kommt nicht auf die Anzahl Ihrer Argumente an. Stattdessen handeln Sie sich mit vielen Argumenten sogar einen Nachteil ein: Ihr Verhandlungspartner kann sich Ihr schwächstes Argument herauspicken und Ihre guten Argumente einfach ignorieren.

Lösen Sie sich von der Idee, immer noch mehr Argumente finden zu wollen. Wählen Sie besser drei bis vier wirklich gute Argumente aus und bauen Sie diese nach der ZANBA-Methode aus.

ZANBA-Methode

Z iel
A rgument
N utzen
B eispiel/Beweis
A ufforderung

Ziel: Formulieren Sie Ihr Ziel! Und zwar in einem Satz.

(Z. B.: „Wir müssen dringend neue Mitarbeiter einstellen.“)

Argument: Warum wollen Sie dieses Ziel? Nennen Sie jetzt Ihr Argument.

(Z. B.: „Wir haben neue, langfristige Großaufträge bekommen, für die wir die Verstärkung dringend brauchen.“)

Nutzen: Welchen Nutzen hat der andere davon, Ihrer Argumentation zu folgen?

(Z. B.: „Das zusätzliche Personal bringt uns deutlich mehr Flexibilität und ermöglicht es auch, schneller zu liefern. Bis jetzt waren unsere langen Lieferzeiten immer das Hauptargument, mit dem die Kunden die Preise gedrückt haben.“)

Beispiel/Beweis: Sie können viel behaupten. Belegen Sie Ihr Argument anhand eines möglichst konkreten Beispiels.

(Z. B.: „Ich habe hier zwei Anfragen von letzter Woche, wonach der Kunde zu Zugeständnissen bereit wäre, wenn wir ihm eine schnellere Lieferung garantieren könnten.“)

Aufforderung: Wer nichts fordert, bekommt nichts. Formulieren Sie hier eine klare und konkrete Forderung.

(Z. B.: „Geben wir uns einen Ruck: Investieren wir in zwei neue Mitarbeiter!“)

Halten Sie sich an die Struktur. Verfallen Sie nicht der Versuchung, einzelne Schritte wegzulassen. Wenn Sie Ihr Ziel oder Ihre Forderung mehrfach nennen, steigert es deren Wirkung!

Haben Sie weniger als drei wirklich gute Argumente, verwenden Sie dennoch keine schwachen als Notlösung. Nehmen Sie vielmehr das eine oder die zwei wirklich guten Argumente und bereiten Sie diese mit anderen Nutzen- und Beispielkombinationen auf. Sie werden staunen, wie schnell Sie so zu weiteren guten Argumentketten kommen.

30 *Die Gefahr, sich zu verzetteln, ist groß. Beschränken Sie sich auf Ihre drei wichtigsten Argumente. Bereiten Sie diese Argumente dann strukturiert mit der ZANBA-Methode auf.*

2.5 Überzeugen durch Fragen

Wie häufig haben Sie es schon erlebt, dass Überzeugungsversuche bei Ihnen eher das Gegenteil ausgelöst haben? Sie fühlten sich überredet. Die Argumente hatten nichts mit Ihnen zu tun oder waren vielleicht noch nicht einmal nachvollziehbar für Sie.

Wenn Sie Menschen dabei unterstützen wollen, sich selbst zu überzeugen, dann müssen Sie Ihnen Zeit zum Denken geben. Denkzeit geben Sie, indem Sie selbst die Klappe halten. Und den Denkprozess steuern Sie durch Fragen. Wichtig sind hier vor allem offene Fragen, also solche Fragen, die man nicht mit „Ja" oder „Nein" beantworten kann.

Fragen Sie gezielt nach Motiven oder Interessen, z. B.:

- „Warum ist Ihnen dieser Punkt besonders wichtig?"
- „Was würde passieren, wenn wir nicht ...?"

Fragen Sie gezielt nach Alternativen:

- „Welche anderen Möglichkeiten haben wir?"
- „Welche anderen Optionen könnte es geben, über die wir noch gar nicht gesprochen haben?"

Sie können auch stark aversive Argumente in einer Frage verpacken: Statt der Aussage: „Das können wir uns nie leisten!", fragen Sie besser: „An welchen Stellen wollen wir kürzen, um das Projekt zu finanzieren?" Oder: „Inwieweit haben Sie bei dieser Kalkulation unsere aktuelle Liquidationslage berücksichtigt?"

Überzeugung ist ein Gefühl! Argumente und Gegenargumente sind deshalb oft nur vorgeschobene Positionen und treffen weder den Kern noch sind sie zielführend. Verhandeln Sie nicht über diese Positionen, sondern fragen Sie immer nach den Interessen, die dahinterstehen. Verbinden Sie Argumente durch Nutzenbrücken mit den Interessen Ihres Partners. Nutzen Sie die ZANBA-Methode, um mit Ihren Argumenten die optimale Wirkung zu erzielen. Und stellen Sie Fragen. 30

30 MINUTEN

Was ist der Unterschied zwischen einem Einwand und einem Vorwand und was bedeutet das für Ihre Verhandlung?

Seite 43

Was sind die besten Taktiken zur Gegenargumentation?

Seite 45

Wie können Sie mit PUFs beinahe jedes Argument wirkungsvoll parieren?

Seite 50

3. Mit Gegenargumenten umgehen

Manchmal ist es tatsächlich so einfach: Ihre Argumente sind stichhaltig, Ihre Beispiele so plausibel, dass Sie Ihr Gegenüber mühelos und ohne Widerstand überzeugen können.
Meistens ist die Realität aber herausfordernder. Ihre Gesprächspartner haben Vorbehalte und Einwände oder schlicht Interessen, die sich zumindest auf den ersten Blick nicht mit den Ihren vereinbaren lassen. Natürlich können Sie jetzt weiter argumentieren, noch ein Argument und noch eins bringen. Wahrscheinlich verhärten Sie die Fronten damit aber eher und Ihr Gesprächspartner zieht sich auf seine Positionen zurück.
Nachdem Sie im letzten Kapitel an Ihrer Argumentation gefeilt haben, geht es nun darum, Techniken zu optimieren, mit denen Sie die Vorbehalte des anderen auflösen und seine Gegenargumente zerstreuen können.

3.1 Auf Gegenargumente vorbereiten

Ich bin immer wieder überrascht, wie schlecht vorbereitet viele Menschen in Verhandlungen gehen. Dabei sind Sie es sich selbst und Ihrem Verhandlungspartner schuldig, Ihre Hausaufgaben zu machen. Genauso wie Sie sich auf Ihre Argumente vorbereiten, können Sie, sich auch auf die Argumente Ihres Gesprächspartners vorbereiten. Hierzu ist es wichtig, dass Sie Ihren Blickwinkel verlassen. Denken Sie immer daran: Sie sind schon überzeugt. Kümmern Sie sich also um die Position und die Interessen des anderen und versuchen Sie, diese zu verstehen.

Denken Sie über folgende Punkte nach:

- Versetzen Sie sich in den anderen hinein. Wie sieht er den Verhandlungsgegenstand und die Verhandlungssituation?
- Wie nimmt er Sie wahr, was verbindet er mit Ihnen?
- Was sind die Interessen des anderen?
- Welche Vorteile hat er durch seine Position?
- Welche Befürchtungen verbindet er mit Ihrer Position?
- Argumentiert er offen oder geht es eigentlich um etwas ganz anderes?

Nehmen Sie sich für diese Punkte Zeit. Sie können einen Gesprächspartner nur überzeugen, wenn Sie ihn verstanden haben.

Überlegen Sie nun, welche Gegenargumente Sie an seiner Stelle verwenden würden. Typische Gegenargumente sind:

- zu teuer
- zu unflexibel
- passt nicht zu uns
- zu kompliziert
- erfüllt nicht unsere Anforderungen
- usw.

Erstellen Sie eine Liste mit sämtlichen Gegenargumenten und Einwänden, die Ihnen einfallen. Diese Liste ist die Basis für Ihre Arbeit in den nächsten Abschnitten.

Das absolute No-Go der Gegenargumentation

Sie verstehen jetzt den anderen und können den Verhandlungsinhalt aus seinem Blickwinkel betrachten. Sie wissen, mit welchen Gegenargumenten Sie rechnen müssen und können sich mit den Techniken auf den nächsten Seiten gezielt darauf vorbereiten, diese zu entkräften.

Doch egal wie Sie mit Einwänden und Gegenargumenten umgehen, streichen Sie eine Formulierung aus Ihrem Sprachgebrauch: „Ja, aber ...“ „Ja, aber ...“ ist das absolute No-Go der Gegenargumentation. Diese Formulierung wird zwar immer noch als bedingte Zustimmung verkauft, in Wirklichkeit ist es aber ein eindeutiges Widersprechen und wird auch als solches verstanden.

Checkliste: Vorbereitung Gegenargumentation

Blickwinkel ändern

Wie sieht der andere die Situation?

___

Was befürchtet er?

___

Was erhofft er sich?

___

Wie nimmt er Sie wahr?

___

Argumentation

Was sind die Interessen des anderen?

___

Was ist ihm besonders wichtig?

___

Welche möglichen Gegenargumente fallen Ihnen ein?

___

Spielt Ihr Partner offen oder sind verdeckte Interessen im Spiel?

___

Geht es in Wirklichkeit um ein ganz anderes Thema?

___

30 *Lassen Sie sich nicht durch Gegenargumente überraschen. Versetzen Sie sich in den anderen hinein und überlegen Sie, wie Sie aus dessen Position heraus argumentieren würden. Entscheiden Sie bewusst, welche Argumente Sie aufnehmen. Und vermeiden Sie „Ja, aber ...".*

3.2 Einwände vs. Vorwände

Als Nächstes müssen wir unterscheiden lernen, ob das, was da vom anderen kommt, wirklich ein Gegenargument oder bloß ein vorgeschobener Nebenkriegsschauplatz oder ein Ausflüchten ist. In der Psychologie nennt man das die Unterscheidung zwischen Einwand und Vorwand.

Stellen Sie sich vor, Sie möchten eine Hose kaufen und haben eine bestimmte Marke im Kopf. In der Kabine bemerken Sie dann, dass diese Hose an Ihnen weit weniger vorteilhaft wirkt als an Ihrer Freundin oder Ihrem Freund. Mit welchen Worten würden Sie die Hose eher zurückgeben: „In der Hose sehe ich aus wie eine Presswurst" oder „So viel wollte ich eigentlich nicht ausgeben"?

Fakt ist: Der Preis ist nicht das Thema. Häufig benutzen wir aber Vorwände, um nicht über das eigentliche Thema diskutieren zu müssen.

Das Problem ist nun, dass unser Verkäufer auf verlorenem Posten steht, wenn er sich auf eine Diskussion über den Vorwand einlässt und Ihnen z. B. einen günstigeren Preis anbietet. Jeder beseitigte Vorwand wird sofort durch einen neuen Vorwand ersetzt: „Und außerdem gefällt mir die Farbe nicht wirklich ..."

Vorwände von Einwänden unterscheiden

Sie können Vorwände und echte Einwände und Gegenargumente mit einer ganz einfachen Technik unterscheiden. Diese Technik folgt folgendem Schema:

1. „Angenommen, dass ..." (Bedienen des Einwands)
+
2. „Würden Sie dann JETZT ...?" (Sofortige Erfüllung)

Beispiel: „Angenommen, ich könnte Ihnen für diese Hose einen sensationellen Preis machen, würden Sie das Teil dann JETZT kaufen?" Nun gibt es genau zwei Möglichkeiten: Entweder Ihr Partner sagt: „Ja", oder er sagt: „Na ja, und außerdem ist die Farbe ..." Sagt er klar und eindeutig „Ja", dann wissen Sie, dass der Preis tatsächlich das Thema war. Druckst er herum und kommt mit einem weiteren Thema, dann ist klar: Hier haben Sie es mit einem Vorwand zu tun.
Diskutieren Sie mit Ihren Verhandlungspartnern nie über Vorwände. Finden Sie vielmehr heraus, was die echten Einwände und Gegenargumente sind. Und um diese müssen Sie sich natürlich kümmern.

30 *Unterscheiden Sie zwischen Einwänden und Vorwänden. Wenn Sie über Vorwände diskutieren, drehen Sie sich im Kreis. Finden Sie den Einwand und damit das Interesse heraus und verhandeln Sie darüber.*

3.3 Taktiken der Gegenargumentation

Es gibt drei grundsätzliche Möglichkeiten, wie Sie mit Gegenargumenten umgehen können: ignorieren, ausweichen und thematisieren.

Die meisten Verhandelnden fühlen sich regelrecht verpflichtet, auf Einwände und Gegenargumente einzugehen und diese zu entkräften. Machen Sie sich dabei aber bewusst, dass Sie immer nur reagieren, wenn Sie das tun. Sobald Sie auf Argumente des anderen eingehen, parieren Sie ausschließlich und überlassen ihm die Initiative. Auf jeden Fall kommen Sie so nicht dazu, Ihre eigenen guten Argumente zu platzieren. Sie spielen nach den Regeln des anderen, und spätestens wenn der kein wirkliches Interesse an einer offenen Argumentation hat, schenken Sie ihm den Punkt.

Gehen Sie nur dann auf Gegenargumente ein, wenn Sie entweder eine ausschließende Bedingung sind oder wenn Sie das Argument so entkräften und umwandeln können, dass es Sie in eine bessere Position bringt.

Ignorieren

Sie müssen nicht auf alles reagieren, was Ihr Gegenüber ins Feld bringt. Bei allen Vorwänden und vielen Gegenargumenten ist es gar nicht notwendig, zu reagieren. Oft verpufft das Argument dann einfach. Ignorieren heißt aber, dass Sie das Argument oder den Angriff wirklich an sich vorbeiziehen lassen. Wenn Sie denken:

„Darauf werde ich sicher nicht antworten", dann ignorieren Sie es schon nicht mehr.

Ausweichen

Ausweichen ist dann das Mittel der Wahl, wenn Ihnen Ignorieren nicht mehr gelingt. Wie der Name schon sagt, wechseln Sie mit dieser Taktik den Schauplatz. Typische Ausweichformulierungen sind:

- „Lassen Sie uns später über diesen Punkt ..."
- „Als viel wichtiger erachte ich ..."
- „Mindestens genauso wichtig ist ..."
- „Lassen Sie uns vorher noch über ... reden."

Sehr elegant ist auch das Ausweichen über einen Puffer zu einem neuen Thema. Der Puffer ist eine Formulierung wie „Stimmt", „Sie haben recht", „Das ist ein wichtiger Punkt". Nachdem Sie das gesagt haben, platzieren Sie, ohne noch einmal auf das Gegenargument einzugehen, eines Ihrer starken Argumente. Sinnvollerweise haben Sie Ihre starken Argumente anhand der ZANBA-Methode vorbereitet.

Thematisieren

Manche Gegenargumente wollen oder müssen Sie natürlich aufnehmen. Hier stellt sich die Frage, ob das Argument sachlich korrekt und fair ist. Oder ob es falsch oder z. B. auch ein Nebenkriegsschauplatz ist. Wenn Sie das Gefühl haben, Ihr Gegenüber arbeitet nicht sauber und fair, sollten Sie das zur Sprache bringen. Vielleicht täuschen Sie sich ja. Aber dann weiß der andere zumindest, dass er mehr Vertrauen aufbauen muss.

Sie bestimmen die Regeln

Egal welche Methode Sie nutzen, entscheiden Sie bewusst. Sie entscheiden, ob Sie aktiv Ihre Argumente platzieren oder defensiv Gegenargumente abwehren. Sie entscheiden, ob Sie Ihren roten Faden verfolgen oder sich auf Nebenkriegsschauplätzen verzetteln.

Sie können Gegenargumente ignorieren oder ih-
nen ausweichen und stattdessen ein eigenes Ar- 30
gument platzieren. Sie können aber auch das, was gerade passiert, thematisieren. Wichtig ist nur: Sie entscheiden, wie Sie reagieren!

3.4 Gegenargumentation durch Fragen

Die wahrscheinlich eleganteste Form der Gegenargumentation sind Fragen. Während alle anderen Techniken mehr oder weniger konfrontativ sind, nutzt diese Taktik die Energie des anderen und wandelt sie um. In meinen Seminaren sage ich oft: „Der andere redet sich um Kopf und Kragen, aber wir müssen ihm die Chance dazu geben.“ Durch Fragen geben Sie dem anderen diese Chance. Selbst wenn sich Ihr Verhandlungspartner nicht um Kopf und Kragen redet – Sie bekommen auf jeden Fall zusätzliche Informationen, die Ihnen im weiteren Verlauf der Verhandlung sehr nützlich sein können.

Offene vs. geschlossene Fragen

Um Fragen effektiv einsetzen zu können, müssen wir uns den Unterschied zwischen offenen und geschlossenen Fragen bewusst machen: Offene Fragen kann man nicht mit „Ja" oder „Nein" beantworten, geschlossene schon. „Haben Sie heute gefrühstückt?" ist also eine geschlossene Frage. „Was haben Sie heute gefrühstückt?" ist eine offene Frage. Offene Fragen beginnen oft mit einem W-Fragewort, weswegen sie auch W-Fragen genannt werden.

In der Gegenargumentation sind vor allem die offenen Fragen nützlich, weil sie den Gesprächspartner dazu bringen, mehr von sich preiszugeben. Wenn Sie offene Fragen einsetzen, sind zwei Richtungen besonders effektiv. Zum einen können Sie Ihren Verhandlungspartner dazu bringen, konkreter zu werden. Konkretisierungsfragen sind z. B.:

- Was genau meinen Sie damit?
- Wie genau wollen Sie vorgehen?
- Inwieweit haben Sie die Ausnahmen XY in Ihre Betrachtungen einbezogen?
- Was genau erwarten Sie jetzt von mir?

Je konkreter eine Position wird, desto leichter ist sie angreifbar.

Zum anderen können Sie Fragen natürlich auch einsetzen, um den anderen in abstrakte, unverbindliche Sphären zu jagen. Abstrahierungsfragen sind z. B.:

- Wie können wir sicherstellen, dass diese Lösung immer anwendbar ist?
- Inwieweit passt das zu unserer Gesamtstrategie?
- Welche Punkte müssen wir noch miteinbeziehen?

Je abstrakter ein Gegenstand wird, desto unverbindlicher wird er.
Geschlossene Fragen können Sie einsetzen, um Gegenstände gezielt auszugrenzen oder um Teilergebnisse zu fixieren.

Beispiel:

- Sie stimmen mir zu, dass wir hier eine Lösung finden müssen?
- Der Liefertermin ist Ihnen nicht besonders wichtig?
- Sie wollen also weiter mit uns zusammenarbeiten?

Geschlossene Fragen müssten eigentlich „fixierende Fragen" heißen. Sie legen nämlich fest und schaffen Fakten.

30

Offene Fragen können Sie einsetzen, um zusätzliche Informationen zu erhalten. Außerdem zwingen offene Fragen den anderen dazu, konkreter zu werden, oder aber sie schicken das Thema in die Unverbindlichkeit. Geschlossene Fragen verwen-

den Sie, um Themen gezielt auszugrenzen oder um Teilergebnisse zu fixieren.

3.5 Das PUF-Konzept

P	Puffern/Prüfen Antworten Sie nicht sofort und verkneifen Sie sich eine sofortige Gegenargumentation. Puffern Sie den Einwand stattdessen mit einer Formulierung wie „Genau" oder „Kann ich verstehen".
U	Umformulieren/Umformen Formen Sie den Einwand jetzt um. Sie können sich z. B. auf das Gute im Einwand bzw. die „zweite Seite der Medaille" konzentrieren oder den Einwand in eine Frage umwandeln, die der andere sich stellt.
F	Fragen Geben Sie die Verantwortung wieder an Ihren Gesprächspartner ab. Fragen Sie nach Wünschen, Entscheidungs- oder Erfolgskriterien. Natürlich verwenden Sie vor allem offene Fragen.

Zwei Dinge sind beim PUF-Konzept besonders wichtig:
1. Hüten Sie sich vor spontanen Schnellschüssen und puffern Sie lieber. Ihr spontaner Impuls nach einem Argument ist meist nichts anderes als eine Angriffsreaktion. Dieses Kriegspielen ist aber in Verhandlungen nur selten sinnvoll.

2. Denken Sie beim Umformen immer an die Interessen des anderen. Sprechen Sie diese Befürchtung an. Formen Sie das Gegenargument in einen Wunsch oder in eine Frage um, die sich der andere stellt.

Beispiel:
„Das passt nicht zu uns!"
P: „O.k.!"
U: „Das heißt, Sie fragen sich, ob das Konzept wirklich alle Ihre Anforderungen erfüllt?"
F: „Über welche Anforderungen müssen wir denn noch reden?"

30

Effektive Gegenargumentation hat nicht zwangsläufig etwas mit „Dagegenhalten" zu tun. Es gibt Techniken, mit denen Sie die Energie des anderen für sich nutzen können.

- ***Bereiten Sie sich gut auf die möglichen Gegenargumente Ihres Gesprächspartners vor!***
- ***Unterscheiden Sie echte Gegenargumente von Vorwänden.***
- ***Anstatt Argumenten mit Argumenten zu begegnen, können Sie diese auch ignorieren, ihnen ausweichen oder sie thematisieren.***
- ***Eine besonders elegante Form der Gegenargumentation sind Fragen.***
- ***Gehen Sie auch bei der Gegenargumentation strukturiert vor. Eine besonders geeignete Struktur ist das PUF-Konzept: puffern, umformen, fragen.***

30 MINUTEN

Wie können Sie Verhandlungen in die richtige Richtung lenken?

Seite 56

Welche Taktiken sind in Verhandlungen wirksam?

Seite 61

Wie ziehen Sie auch in schwierigen Situationen den Kopf aus der Schlinge?

Seite 64

4. Gespräche steuern

In den letzten Kapiteln haben wir immer wieder darüber gesprochen, wie wichtig es ist, selbst die Zügel in der Hand zu haben, anstatt nur zu reagieren. In jedem Gespräch, in jeder Verhandlung ist immer Bewegung. Die Frage ist nur, wohin bewegen Sie sich und wer bestimmt die Richtung?

In diesem Kapitel werden wir eine Reihe von Techniken betrachten, mit denen Sie Ihre Verhandlung gezielt in die richtige Richtung lenken können.

Die wichtigste und effektivste Technik der Gesprächssteuerung sind und bleiben offene Fragen. „Wer fragt, führt!" ist eine altbekannte Aussage, die Sie sicher schon oft gehört haben. Achten Sie einmal darauf, wie viele offene Fragen Sie in einem Gespräch wirklich stellen. Und wie oft Sie Ihrem Partner wirklich die Chance geben, auf Ihre Fragen zu antworten. Wundern Sie sich also nicht, wenn Sie das Thema „offene Fragen" von nun an in beinahe jedem Abschnitt finden werden.

4.1 Festgefahrene Verhandlungen in Gang bringen

In schwierigen Verhandlungen werden Sie immer wieder das Gefühl haben, in einer Sackgasse gelandet zu sein. Die Gespräche haben sich festgefahren, die Fronten verhärtet – nichts geht mehr. Jetzt bringt es wenig, ein Ergebnis erzwingen zu wollen. Druck erzeugt Gegendruck. Und dieses Spiel hat Sie dahin gebracht, wo Sie jetzt sind. Ändern Sie also Ihr Vorgehen und wählen Sie eine der drei folgenden Optionen.

Machen Sie eine Pause

Klingt vielleicht banal, hilft aber. Wenn Sie das Gefühl haben, festgefahren zu sein: Unterbrechen Sie! Das kann eine einfache Pause sein, in der alle Beteiligten ihr Vorgehen überdenken. Sie können diese Unterbrechung aber auch nutzen, um sich gezielt um die Beziehungsbasis zu Ihren Verhandlungspartnern zu kümmern. Oft ist es so, dass Sie in der Verhandlung nur nicht weiterkommen, weil die Beziehungsbasis gestört ist.

Verbringen Sie „private" Zeit mit Ihren Gesprächspartnern. Gehen Sie z. B. essen oder reden Sie über Dinge, die nichts mit dem Verhandlungsgegenstand zu tun haben.

Ändern Sie den Blickwinkel

„Man sieht den Wald vor lauter Bäumen nicht." Auch in Verhandlungen gibt es so etwas wie Betriebsblindheit.

Nehmen Sie bewusst regelmäßig andere Perspektiven ein. Das kann die Perspektive Ihres Gesprächspartners sein, aber auch der Blickwinkel einer Person, die von dem Ergebnis Ihrer Verhandlung später betroffen ist. Sie können auch verschiedene Kreativitätstechniken anwenden. Walt Disney hat z. B. jedes Problem aus mindestens drei völlig verschiedenen Richtungen betrachtet: der des Träumers, des Realisten und des Kritikers.

Bringen Sie Alternativen ins Spiel

Sie können sich nicht auf mehreren Wegen gleichzeitig festgefahren haben. Bringen Sie Alternativen und damit neue Wege ins Spiel. Im MAMA-Konzept aus Kapitel 1 haben Sie sich ja schon auf Alternativen vorbereitet. Wenn Sie Alternativen nutzen wollen, geht es weniger um die Qualität als um die schiere Quantität. Versuchen Sie so viele Alternativen wie möglich zu finden. Denken Sie dabei auch an Möglichkeiten außerhalb der Verhandlung, zu denen Sie Ihren Verhandlungspartner gar nicht brauchen.

Nutzen Sie Pausen, um die Beziehungsbasis zu stärken. Wechseln Sie die Perspektive, um Betriebsblindheit zu vermeiden. Alternativen eröffnen neue Möglichkeiten und lösen Fixierungen auf. 30

4.2 Gespräche konstruktiv ausrichten

Verhandlungen können festgefahren sein. Noch schwieriger ist es, wenn sich eine negative Gesprächsdynamik breitgemacht hat. Standpunkte werden extremer. Man sieht nur das Trennende und den Verhandlungspartner zunehmend als Gegner. Konflikte eskalieren. Diese Dynamik müssen Sie stoppen, wenn Sie die Verhandlung zu einem erfolgreichen Ergebnis führen wollen.

In welche Richtung steuert Ihre Verhandlung?

Gewöhnen Sie sich so etwas an wie eine Helikopterperspektive. Lösen Sie sich vom aktuellen Geschehen und betrachten Sie die Situation immer wieder aus einem distanzierten Blickwinkel, quasi wie aus einem Helikopter heraus. Was beobachten Sie? Wie stellt sich die Situation für Sie als externen Beobachter dar? Sind die momentanen Diskussionen ergebnisrelevant oder sehen Sie eher Nebenkriegsschauplätze? Und vor allem: In welche Richtung entwickelt sich die Diskussion? Bewegen Sie sich aufeinander zu oder voneinander weg?

Inhalt, Prozess und Person

Jede Kommunikation und damit natürlich auch jede Verhandlung verfügt über drei Ebenen. Auf der Inhaltsebene finden die Argumentation und die sachliche Auseinandersetzung statt. Beziehungen, aber auch Emotionen liegen auf der Ebene der Person, um die wir uns im nächsten Kapitel noch genauer kümmern werden. Die dritte und oft vernachlässigte Ebene ist der Prozess, also der Verlauf, aber auch die Agenda. Der Prozess ist der Weg, der Sie entweder zum Ziel oder zum Scheitern führt.

Prozessdynamik ansprechen

Das psychologische Zauberwort heißt „Metareflexion", was nichts anderes bedeutet, als sich den Prozess der Verhandlung bewusst und ihn zum Thema zu machen. Dieses Bewusstmachen für alle Beteiligten reicht meistens aus, um Veränderungen herbeizuführen.

Oft merken wir viel zu spät, dass wir uns in eine Sackgasse bewegt haben. Würden Sie es als nützlich empfinden, wenn Sie ein simples Werkzeug hätten, das Ihnen sofort zeigt, wenn Sie dabei sind, sich in Grund und Boden zu reden? Dieses Werkzeug gibt es, und es ist tatsächlich sehr einfach. Es besteht nämlich im Grunde nur aus zwei simplen Fragen:

- Reden Sie mehr als 50 Prozent? Wenn Ihr Gesprächsanteil über 50 Prozent liegt, dann sind Sie dabei, Ihre Position zu verschlechtern. Zumindest aber befinden Sie sich auf einem Nebenkriegsschauplatz, der Sie nicht zum Ziel bringt.
- Beginnen die Sätze mit „Aber"? „Aber" oder „Aber-Ähnliches" ist immer ein Zeichen von Widerspruch. Wenn alle oder die meisten Sätze damit beginnen, dann sind Sie dabei, sich zu streiten.

Wenn Sie eine oder sogar beide Fragen mit Ja beantwortet haben, hilft Ihnen nur das bayerische „Obacht"! Sie sind dabei, sich ins Abseits zu manövrieren. Unterbrechen Sie diese Dynamik sofort. Wie immer sind offene Fragen das Mittel der Wahl, um wieder die Initiative in einem Gespräch zu erlangen. Mit offenen Fragen steuern Sie ein Gespräch und beeinflussen den Prozess. Ideen für effektive offene Fragen, die Sie fast universell einsetzen können, finden Sie im Kapitel „Rescue-Fragen".

30 *Werden Sie nicht blind im Eifer des Gefechts. Nehmen Sie öfter eine Art Helikopterperspektive ein, um sich einen Überblick zu verschaffen, was gerade passiert. Achten Sie darauf, weniger als 50 Prozent Redeanteil zu haben, um sich nicht um Kopf und Kragen zu reden.*

4.3 Emotionen managen

Haben Sie jemals etwas gehört wie: „Da konnte ich nicht anders, da musste ich ...", „Dieser unmögliche Mensch hat alles zerstört" oder vielleicht „Da ist es mit mir durchgegangen und ich habe den Kopf verloren"?
Bei uns Menschen gibt es zwei Schaltstellen, die unser Verhalten steuern: die Ratio, also der Verstand, und die Emotionen, die, wie jeder weiß, kaum durch den Verstand zu kontrollieren sind. Der Verstand vermag sehr viele Faktoren gegeneinander abzuwägen, ist somit sehr genau, aber auch sehr langsam. Jeder, der schon einmal tagelang gegrübelt hat, weiß, wovon ich rede.

Emotion – oder englisch „e-motion“ – hat etwas mit Bewegen zu tun. Wir sollen uns bewegen, und zwar aus einer Gefahrenzone heraus. Zu Urzeiten hat das zu einem einfachen Verhaltensmuster geführt: angreifen – abhauen – tot stellen. Leider haben wir diese Grundprogrammierung in den letzten 100.000 Jahren nicht abgelegt. Das ist der Grund, warum wir auch heute noch in Stresssituationen mit dem gleichen Antwortschema reagieren: angreifen – abhauen – tot stellen. Und was das Ganze wirklich unschön werden lässt: Wenn die Emotionen die Kontrolle übernehmen, macht der Verstand Pause. Übrigens gilt das nicht nur für negative Emotionen. Natürlich ist uns klar, dass wir unsere Emotionen kontrollieren müssen, zumindest in Verhandlungen.

Wie sind Sie angreifbar?

Im letzten Kapitel habe ich von den drei Ebenen der Kommunikation gesprochen: der Inhaltsebene, der Prozessebene und der persönlichen Ebene. Auf welche Ebene bereiten wir uns am besten vor? Klar, auf die Inhaltsebene. Wir finden Argumente und Beispiele. Hier sind wir ja Fachmann. Auf welcher Ebene werden wir wahrscheinlich am wenigsten angegriffen? Auch klar: ebenfalls auf der Inhaltsebene. Warum? Weil der andere meistens kein Fachmann auf unserem Gebiet ist. Wenn er angreift, dann da, wo es wehtut!
Nichts ist schwieriger wegzustecken als überraschende Verletzungen. Seien Sie nicht so naiv zu glauben, der andere könnte Ihre Schwachstellen nicht erkennen. Er

kann! Setzen Sie sich also in Ruhe damit auseinander, wo und wie Sie angreifbar und verletzbar sind. Nun können Sie schon im Vorhinein Strategien entwickeln, wie Sie mit diesen Angriffen umgehen (siehe Kapitel 3). Denken Sie aber vor allem immer an die drei Grundmuster: ignorieren – ausweichen – thematisieren.

Eigene Emotionen managen

Emotionen sind nicht verhandelbar. Sie können noch so sehr davon überzeugt sein, dass bestimmte Emotionen in einer Situation nicht angemessen sind; wenn sie da sind, sind sie da. Machen Sie sich Ihre Gefühle bewusst. Je stärker Sie sich damit auseinandersetzen, umso weniger sind diese dann handlungsbestimmend.
Ab einem bestimmten Erregungsniveau können Sie eigentlich nur noch bestrafen. Machen Sie sich bewusst, wo dieses Niveau bei Ihnen liegt und was die Symptome sind. Wenn Sie merken, Sie erreichen dieses Niveau, unterbrechen Sie die Verhandlung. Sie sind jetzt ohnehin nicht zu einer vernünftigen Handlung fähig. Oft reichen fünf Minuten, um – im wahrsten Sinne des Wortes – wieder zu sich zu kommen.

Die Situation deeskalieren

Natürlich gilt dieses Emotionsthema nicht nur für Sie. Wenn Sie merken, dass Ihr Gegenüber in einem stark emotionalisierten Zustand ist, müssen Sie ihn da rausholen. Geben Sie ihm die Möglichkeit, seine Emotionen rauszulassen. Wie? Ganz einfach: Lassen Sie den anderen ausreden. Es kann sein, dass Sie Dinge hören werden, die Ihnen nicht gefallen oder die vielleicht objektiv nicht angemessen sind. Nichtsdestotrotz: Auch das Verhalten des anderen unterliegt nicht mehr der rationalen Kontrolle. Also lassen Sie ihn reden. Gegebenenfalls thematisieren Sie die Emotionen. Natürlich können Sie später alles nutzen, was Sie in solchen Phasen erfahren.

Kontrollieren Sie Ihre Emotionen oder Sie werden von Ihren Emotionen kontrolliert! Finden Sie heraus, wo Sie angreifbar sind und was in Ihnen starke Emotionen auslöst. Entwickeln Sie Strategien, wie Sie mit solchen Angriffen umgehen. Definieren Sie für sich klare „Warnsignale", bei denen Sie zur Not die Verhandlung unterbrechen, um wieder einen klaren Kopf bekommen zu können. 30

4.4 Verhandlungsphasen

Um Verhandlungen effektiv zu steuern, müssen Sie sich klarmachen, in welcher Gesprächsphase Sie sich gerade befinden. Es gibt vier relevante Phasen, durch die jede Verhandlung läuft. Und jede dieser Phasen stellt ganz bestimmte Anforderungen an die Gesprächsführung.

1. Phase: Eröffnung

Wie der Name schon sagt, eröffnet diese Phase die Verhandlung. Hier geht es noch nicht darum, Positionen

auszutauschen. Vielmehr steht hier der Beziehungsaufbau im Fokus. Sie erinnern sich: Je tragfähiger Ihre Beziehung ist, umso stärker können Sie sich mit Sachthemen belasten.
Neben dem Beziehungsaufbau können Sie sich in dieser Phase aber auch auf die Körpersprache und den nonverbalen Ausdruck Ihres Gegenübers einstellen. Dieses Kalibrieren hilft Ihnen später dabei, zu erkennen, wann Ihr Gesprächspartner sicher und wann er angespannt ist bzw. unter Stress steht.

2. Phase: Analyse

Das Wichtigste an dieser Phase ist, sie genau von der dritten Phase „Lösung“ zu trennen. Jetzt geht es nämlich darum, möglichst viele Informationen zu sammeln. Am Ende der zweiten Phase müssen Ihnen die Interessen und sollte Ihnen das MAMA-Konzept Ihres Gegenübers klar sein.
Bringen Sie in dieser Phase möglichst viele Optionen und Alternativen ins Spiel. Das ist schließlich nachher Ihre Verhandlungsmasse. Wichtig ist der Grundsatz: Trennen Sie Sammeln von Bewerten! Lassen Sie sich in der zweiten Phase zu keinerlei Bewertungen hinreißen, auch wenn das manchmal schwerfällt. Bewertungen töten Kreativität und noch schlimmer: Bewertungen lotsen Sie auf Nebenkriegsschauplätze. Untersuchungen haben gezeigt, dass Verhandlungspartner, die viel Zeit und Energie in die Phasen 1 und 2 gesteckt haben, nachher deutlich schneller und erfolgreicher waren.

3. Phase: Lösung

Jetzt können Sie bewerten. In dieser Phase geht es darum, verschiedene Punkte gegeneinander abzuwägen und Interessen auszugleichen. Und: Je mehr Optionen Sie vorher ins Spiel gebracht haben, umso eher finden Sie jetzt Optionen, die allen gerecht werden.

4. Phase: Abschluss

In dieser Phase fixieren Sie Ihre Ergebnisse. Gerade nach langen und zähen Gesprächen ist es wichtig, noch einmal alle Energien zu mobilisieren. Stellen Sie sicher, dass Sie und Ihr Verhandlungspartner vom Gleichen reden und dass sich keine Missverständnisse eingeschlichen haben. Am besten erstellen Sie jetzt ein Protokoll. Sie können diese Phase einleiten mit Phrasen wie: „Lassen Sie uns kurz zusammenfassen, was genau wir vereinbart haben ...“ Schreiben Sie jetzt mit und lassen Sie sich dieses einfache Protokoll eventuell sogar von allen Beteiligten unterschreiben.

Jede Verhandlung sollte vier Phasen durchlaufen: Die Eröffnungsphase dient zum Kennenlernen 30
und zum Aufbau einer tragfähigen Beziehungsbasis. In der Analysephase sammeln Sie Informationen, bringen Alternativen ins Spiel und trennen vor allem das Sammeln vom Bewerten. Erst in der Lösungsphase findet der Interessensausgleich und damit die eigentliche Verhandlung statt. In der Abschlussphase führen Sie alles zusammen und

stellen sicher, dass sich keine Missverständnisse eingeschlichen haben.

4.5 Rescue-Fragen

Wir haben inzwischen schon mehrfach besprochen, dass offene Fragen *das* Mittel der Wahl sind, wenn es darum geht, Gespräche zu steuern. Dumm ist nur, dass uns unter Stress keine offenen Fragen mehr einfallen. Sobald Sie nur ein klein wenig unter Druck stehen, stellen Sie nur noch geschlossene Fragen. Steigen Druck und Stress noch etwas weiter an, hören Sie auch damit auf und sprechen nur noch in Aussagen.

Deshalb brauchen Sie ein Werkzeug, das Ihnen auch im Ernstfall hilft. In unzähligen Seminardemos und in ebenso unzähligen Coachings ist mir aufgefallen, dass es gar nicht mal viele verschiedene Fragen braucht und dass es beinahe immer die gleichen Fragen sind, die funktionieren. Aus dieser Erkenntnis heraus habe ich das Konzept der Rescue-Fragen entwickelt.

Rescue-Fragen sind offene Fragen, die man sich vorher überlegt und die man selbst dann verwendet, wenn sie nicht hundertprozentig passen. Der Sinn dieser Fragen ist es, Ihnen in schwierigen Situationen Luft zu verschaffen bzw. die Kontrolle über die Verhandlung zurückzugeben. Natürlich gibt es nicht die Wunderfrage, mit der Sie jede Situation in den Griff kriegen. Im Folgenden finden Sie dennoch einige Vorschläge für Fragen, mit denen ich sehr gute Erfahrungen gemacht habe:

- Was genau erwarten Sie jetzt von mir?
- Was müsste passieren, damit ... ?
- Welche anderen Optionen sehen Sie?
- Wie kriegen wir die Kuh vom Eis?
- Welche Kriterien müsste eine Lösung erfüllen, damit Sie ... ?

Formulieren Sie vor dem Gespräch drei persönliche Rescue-Fragen und prägen Sie sich diese Fragen ein.

30

Verhandlungen können in eine Sackgasse geraten oder aber emotional und unsachlich werden.

- ***Lösen Sie festgefahrene Situationen auf, indem Sie die Perspektive ändern und/oder zusätzliche Alternativen ins Gespräch einbringen.***
- ***Werden Sie sich Ihrer eigenen Emotionen bewusst. Unterbrechen Sie, wenn Sie selbst zu emotional werden. Geben Sie Ihrem Verhandlungspartner aber auch die Chance, seine Emotionen abzubauen. Kontrollieren Sie Ihre Emotionen oder Ihre Emotionen kontrollieren Sie!***
- ***Beachten und nutzen Sie die Phasen, die jede Verhandlung durchläuft. Trennen Sie vor allem Sammeln von Bewerten in der Analysephase.***
- ***Rescue-Fragen sind offene Fragen, die man sich vor der Verhandlung überlegt und die man selbst dann benutzt, wenn sie nicht hundertprozentig passen.***

30 MINUTEN

Was sind die wichtigsten Taktiken in Verhandlungen?

Seite 68

Wie setzen Sie Bluffs, Überrumpelung oder auch die Salamitaktik richtig ein?

Seite 68

Wie gehen Sie damit um, wenn Ihr Verhandlungspartner Taktiken gegen Sie einsetzt?

Seite 74

5. Taktik einsetzen

Vielleicht sind Sie direkt zu diesem Kapitel gesprungen, ohne die anderen vorher durchzuarbeiten. Das ist verständlich, da eine effektive Taktik oft als entscheidend für den Verhandlungserfolg angesehen wird. Doch das stimmt so nicht. Die beste Taktik nützt Ihnen nämlich gar nichts, wenn sie nicht in eine umfassende Strategie eingebettet ist oder wenn Sie ständig mit Unvorhergesehenem konfrontiert werden, sodass Sie vor lauter Reagieren und Abwehren nicht mehr dazu kommen, Ihre eigenen Ziele zu verfolgen. Grenzen wir erst mal die Begriffe „Taktik" und „Strategie" voneinander ab: Strategie bedeutet die umfassende und vorausschauende Planung. Taktik dagegen bezeichnet den einzelnen Schritt. Die Strategie ist also das große Ganze und gibt die Richtung vor. Die Taktik orientiert sich an der Strategie, besteht aber aus kleinen Schritten mit jeweils nur kurzfristiger Perspektive.

5.1 Druck-Taktiken

Wir können beinahe alle Taktiken zwei Hauptbereichen zuordnen: den Druck-Taktiken und den Kontext-Taktiken. Von den Druck-Taktiken, die, wie der Name schon sagt, das Gegenüber mehr oder weniger unter Druck setzen, gibt es drei zentrale Gruppen.

Bluff

Prinzip: Der Bluff ist als taktisches Mittel genauso unfair wie wirkungsvoll. Dem Verhandlungsgegner werden Tatsachen vorgegaukelt, ohne dass es dafür eine reelle Grundlage gibt. Bluffs wirken umso eher, je vollständiger sie sind. Wenn Sie also bluffen, scheuen Sie sich nicht, z. B. Statistiken heranzuziehen. Natürlich sind diese Statistiken, genauso wie alles andere in Ihrem Bluff auch, frei erfunden. Bedenken Sie: Je wahrscheinlicher eine Behauptung klingt, umso eher wird sie geglaubt. Der Nachteil eines Bluffs ist natürlich, dass es richtig nach hinten losgeht, wenn der Bluff auffliegt. Aber dazu muss es ja nicht kommen.
Abwehr: Bluffs abzuwehren ist schwierig, da sie meistens erst ans Licht kommen, wenn es schon zu spät ist. Unterziehen Sie die Argumentation Ihres Partners permanent einem „Plausibilitätscheck". Ist das, was er sagt, logisch? Hinterfragen Sie Statistiken. Fordern Sie Belege. Werden Sie misstrauisch, wenn die Argumentation Ihres Partners verblüffend einfach und überwältigend ist. Seien Sie auch skeptisch, wenn Sie unter Druck gesetzt werden: Wenn

ein Angebot wirklich so gut ist oder ein Anbieter wirklich so viele andere Interessenten hat, dann hat er keinen Grund, dies jedem mitzuteilen. Bleiben Sie skeptisch. Auch Bluff-Drohungen können Sie mit gesunder Skepsis erkennen. Wenn z. B. ein Vormieter Ihnen androht, den Teppichboden mitzunehmen, wenn Sie nicht die geforderte Ablöse zahlen, dann ist das oft ein Bluff. Was hätte er von einem alten Teppichboden? Er blufft. Jetzt geht es nur darum, herauszufinden, was die finale Schmerzgrenze ist. Bluffen Sie mit einem Gegenbluff: „Ich wollte sowieso lieber Laminat verlegen. Bis wann können Sie den Teppich rausreißen?" Ab jetzt müssen Sie natürlich genau beobachten. Lassen Sie den anderen etwas zappeln und kommen Sie dann mit einem Gegenangebot.

Door-in-the-Face-Technik

Prinzip: Diese Technik setzt Ergebnisse in Relation zur Ausgangslage. Es wird eine deutlich überzogene, eventuell sogar einschüchternde Erstforderung gestellt, von der dann im Laufe der Verhandlung abgerückt wird. Dadurch entsteht beim Verhandlungspartner das Gefühl, Schlimmeres gerade noch abgewendet zu haben. Tatsächlich wurde deutlich höheren Abmachungen zugestimmt, als dies sonst der Fall gewesen wäre.
Abwehr: Setzen Sie sich vor Beginn einer Verhandlung einen klaren Zielkorridor. Überprüfen Sie jedes Abweichen davon auf Sinn und Notwendigkeit. Setzen Sie die Forderung des Verhandlungspartners in Relation zu bestehenden Standards oder Referenzfällen.

Überrumpeln – unter Druck setzen

Prinzip: Ähnlich wie die Door-in-the-Face-Technik zielt diese Technik darauf ab, das Referenzsystem des Verhandlungspartners zu verschieben. Es soll erschwert werden, Vergleiche zu ziehen, um angemessene Lösungen zu finden. Hinzu kommt noch der Stressfaktor. Dem Verhandlungspartner wird suggeriert, er müsse unter Zeitdruck eine Entscheidung treffen. Andernfalls würden ihm erhebliche Nachteile entstehen. Ein fundiertes Abwägen von Vor- und Nachteilen einer Lösung wird somit unmöglich gemacht. Beim Überrumpeln wird der Gesprächspartner zusätzlich auch noch mit neuen, eventuell überraschenden Fakten konfrontiert. Auch hier wird nicht genügend Zeit gegeben, Vor- und Nachteile der Übereinkunft gegeneinander abzuwägen.

Abwehr: Abgesehen von Rettungseinsätzen und ähnlichen Szenarien gibt es keinen Kontext, in dem Entscheidungen unter massivem Zeitdruck getroffen werden müssen. Wenn das Angebot, das Ihnen gemacht wird, fair ist, warum sollten Sie es nicht in einer angemessenen Frist prüfen können? Das ist kein Plädoyer für Unentschlossenheit, aber: Sollten Sie jemals das Gefühl haben, eine Entscheidung eigentlich noch einmal überdenken zu müssen, dann tun Sie es besser.

30 *Druck-Taktiken sollen den Partner zu vorschnellen Entscheidungen drängen. Sie nutzen Angst und Überraschung zum eigenen Vorteil. Natürlich sind*

sie nicht geeignet, um eine tragfähige Beziehungsbasis zu etablieren.

5.2 Kontext-Taktiken

Im Gegensatz zu den Druck-Taktiken sind die Techniken dieses Bereichs wesentlich subtiler. Sie setzen an den Rahmenbedingungen an oder versuchen sogar, Einstellungen und das Wertesystem des anderen zu beeinflussen. Wir unterscheiden vier Hauptgruppen:

Foot-in-the-Door-Technik

Prinzip: Die Foot-in-the-Door-Technik beruht auf der Tatsache, dass ein erstes kleines Zugeständnis die Wahrscheinlichkeit weiterer, auch größerer Zugeständnisse erhöht. Eine wissenschaftliche Untersuchung hat diesen Effekt belegt: Menschen sollten dazu gebracht werden, großen Werbetafeln in ihren Vorgärten zuzustimmen. Eine Gruppe versuchte man direkt zu diesem Zugeständnis zu bringen. Bei der zweiten schlug man einen Umweg ein, indem man sie als Erstes bat, kleinere Poster in ihren Fenstern aufzuhängen. Es ist leichter, jemanden dazu zu bringen, ein Poster im Fenster aufzuhängen, als eine Werbetafel aufstellen zu lassen. Faszinierenderweise willigten in der Postergruppe wesentlich mehr Personen später auch in die Aufstellung einer Vorgartentafel ein. Offensichtlich gibt es so etwas wie eine „Zustimmungshemmschwelle“. Ist diese Schwelle einmal überwunden, fallen weitere Zugeständnisse nicht mehr so ins Gewicht. Diese Technik wirkt umso stärker, wenn vorher eine starke Beziehungsebene aufgebaut wurde. Am häufigsten wird mit dem Foot-in-the-Door-Effekt übrigens bei allen Arten von Zusatzgeschäften wie Sonderausstattungen oder Extrazubehör gearbeitet.

Abwehr: Werden die Forderungen und Wünsche Ihres Gegenübers mit der Zeit immer größer? Wenn ja, können Sie die Foot-in-the-Door-Technik unterstellen. Fragen Sie sich bei jedem Zugeständnis, ob Sie auch wirklich dazu bereit sind. Passt das Ergebnis in Ihren Zielkorridor? Sollten Sie sich bei Gedanken ertappen, wie: „Der andere hat sich so engagiert, da kann ich doch nicht ..." oder „Darauf kommt es jetzt doch auch nicht mehr an", verschieben Sie die Vertragsunterzeichnung und wägen Sie die Konsequenzen in Ruhe ab.

Salamitaktik

Prinzip: Bei der Salamitaktik werden große Forderungen oder schwer vermittelbare Positionen scheibchenweise serviert. Idealerweise präsentieren Sie die Teilforderungen auch noch zeitversetzt. Durch diese Taktik wird das wahre Ausmaß der Forderung verschleiert. Wenn Sie die nächste Forderung erst präsentieren, wenn Ihr Verhandlungspartner der/den vorigen Forderung(en) zugestimmt hat, machen Sie sich zusätzlich den Effekt der Foot-in-the-Door-Technik zunutze.

Abwehr: Erkennen Sie, dass Ihr Partner diese Taktik anwendet, fordern Sie die Offenlegung aller Fakten und

Bedingungen. Weigern Sie sich, weiter zu verhandeln, bevor nicht alle Fakten auf dem Tisch sind. Bedenken Sie bitte immer: Wo ein Scheibchen ist, ist meist noch einiges mehr. Stellen Sie bei jeder auch noch so kleinen Nachforderung das gesamte Verhandlungsergebnis und alle bisher erzielten Übereinkünfte infrage. Prüfen Sie, ob Sie nach der Zugabe noch im Rahmen Ihres Zielkorridors liegen. Wären Sie bereit gewesen, dieses Verhandlungsergebnis von Anfang an zu akzeptieren?
Die Salamitaktik ist dann besonders erfolgreich, wenn bei mindestens einer Partei schon ein deutliches Streben festzustellen ist, zum Abschluss zu kommen. Lassen Sie sich von diesem Streben nicht dazu verleiten, unangemessene Zugeständnisse zu akzeptieren.

Reframing/Outframing – den Rahmen verändern

Prinzip: Wie schon gesagt, setzen wir alle Informationen in einen bewussten oder unbewussten Bezugsrahmen. Jeder von uns hat z. B. eine Vorstellung davon, wie viel ein Abendessen in einem Restaurant kosten darf, aber auch davon, wie viel es kosten muss. Wenn es zu billig ist, kann es ja nicht gut sein.
Die Technik des Reframings spielt damit, die Dinge in einen anderen Rahmen zu versetzen. Selbst ein günstiges Restaurant wird extrem teuer, wenn Sie sich vorstellen, wie viele Kinder in Afrika Sie mit dem Rechnungsbetrag satt bekämen. Auf diese Art können Sie einen Preis oder eine Gegenleistung extrem hoch oder natürlich auch extrem niedrig erscheinen lassen. Sie

können den Rahmen aber auch verändern, indem Sie den Blickwinkel beeinflussen und z. B. Qualität und Lebensdauer des Produkts ins Spiel bringen. Auch der Hinweis, dass das Produkt der Konkurrenz in Kinderarbeit hergestellt wurde, ist eine Möglichkeit.
Outframing bedeutet, dass Sie einzelne Aspekte gänzlich (aus dem Rahmen) ausklammern. Z. B.: „Lassen Sie uns jetzt nicht über Lieferzeiten verhandeln."
Abwehr: Sowohl Reframing als auch Outframing spielen mit unserem Bezugsrahmen, also den Werten oder Vergleichsmaßstäben, anhand derer wir das Verhandlungsergebnis bewerten. Der Fakt, dass dieser Bezugsrahmen oft unbewusst ist, macht diesen Manipulationsversuch so tückisch. Die einzige echte Abwehrchance liegt in einer umfassenden Vorbereitung. Machen Sie sich bewusst, was Ihre Vergleichsmaßstäbe sind und warum Sie das Verhandlungsergebnis in dieser bestimmten Form anstreben. Was sind Ihre Werte und vor allem: Was sind Ihre Interessen (siehe Kapitel 2.3)? Entwickeln Sie ein differenziertes MAMA-Konzept (siehe Kapitel 1.2). Beide Techniken, sowohl sich Interessen und Bezugsrahmen bewusst zu machen als auch das MAMA-Konzept, helfen Ihnen, sich nicht von Ihrer Strategie abbringen zu lassen.

Reziprozitäts-Technik

Prinzip: Diese letzte Haupttaktik hat etwas damit zu tun, dass Menschen gern feilschen. Auch wenn wir wissen, dass ein echter Interessensausgleich erfolgreicher ist, wir lieben es einfach, diese letzten Prozente zu ergattern. Die Reziprozitäts-Technik besagt, dass Sie jeden Vorschlag der anderen Seite mit einem reziproken Gegenvorschlag beantworten. Sie prüfen also, wieweit der Vorschlag von Ihrem Ziel entfernt liegt, und kontern mit einer Gegenforderung, die genauso weit vom Ziel entfernt liegt. Nur eben in der anderen Richtung. Ziel ist es, sich irgendwann in der Mitte zu treffen. Sicher ist Ihnen aufgefallen, dass die Angebot-Plus-Technik aus Kapitel 1.4 auf dem Prinzip der Reziprozität beruht. Man fordert deutlich mehr, als man eigentlich will, nur um sich dann „in der Mitte“ zu treffen. Allerdings ist die Angebot-Plus-Technik nicht ganz so leicht zu durchschauen, weil sie ja über Alternativen eine deutlich komplexere Verhandlungsmasse entstehen lässt.

Abwehr: Sprechen Sie diese Taktik direkt an. Es gibt keinen Grund, warum man sich in der Mitte treffen muss, wenn gute Grunde etwas anderes nahelegen.

Taktiken sind die operativen Maßnahmen, mit **30**
denen Sie Ihre Strategie durchsetzen. Druck-Taktiken sind stark emotional besetzt. Sie sind sehr wirkungsvoll, bergen aber immer das Risiko, Abwehr auszulösen. Kontext-Taktiken sind weniger aggressiv und lösen daher weniger Widerstände aus. Sie verändern vielmehr den Bezugsrahmen und die Vergleichsmaßstäbe des anderen. Gut eingesetzte Kontext-Taktiken sind nicht nur wirkungsvoll, sondern auch sehr nachhaltig.

30 MINUTEN

Wie setzen Sie Ihre Ziele durch und stellen gleichzeitig einen haltbaren Ausgleich her?

Seite 78

Was müssen Sie beachten, um zu einer Win-win-Lösung zu kommen?

Seite 78

Welche vier Grundstrategien können Sie aus dem Harvard-Konzept lernen, um effektiver zu verhandeln?

Seite 79

6. Lösungen finden

Verhandeln ist kein Selbstzweck. Es geht immer darum, bestimmte Ziele zu erreichen. Die Frage ist nur: Wie erreichen Sie Ihre Ziele am effektivsten? Wenn Sie über genügend Macht- und Druckmittel verfügen, brauchen Sie sich über die meisten Aussagen dieses Buches keine Gedanken zu machen. Wenn dem nicht so ist, dann müssen Sie durch Ihre Verhandlung einen Interessensausgleich erzielen. Und hier gibt es eine ganz zentrale Frage: Werden Sie Ihren Verhandlungspartner nach der Verhandlung jemals wiedersehen? Wenn nicht, dann können Sie ganz egoistisch sein und versuchen, möglichst viele Vorteile für sich herauszuschlagen. Denken Sie aber daran: Meistens sieht man sich mindestens zweimal im Leben. Und jemand, den Sie heute über den Tisch gezogen haben, wird morgen kein verlässlicher Partner für Sie sein.

6.1 Ziele durchsetzen – Ausgleich herstellen

In den meisten Verhandlungen muss ein vernünftiger Ausgleich erzielt werden, ein Ergebnis, mit dem alle Beteiligten leben können. Wenn ich in meinen Seminaren von solchen Win-win-Ergebnissen rede, sehe ich häufig verdrehte Augen. Leider wird mit Begriffen wie „Win-win“ oder „Ausgleich herstellen“ nur allzu oft gemeint, dass ein Verhandlungspartner von seiner Position abrücken und unangemessene Zugeständnisse machen soll. Es gibt wirksame Werkzeuge, mit denen Sie sogar aus einer vermeintlich schwächeren Position heraus ein Gewinner-Gewinner-Ergebnis erzielen können. Die Grundvoraussetzung, damit Sie Ihre Ziele durchsetzen können, ist: Sie müssen Ihre Ziele kennen. Machen Sie sich also genau bewusst, was Sie in der Verhandlung erreichen wollen. Überlegen Sie auch, warum Sie diese Ziele erreichen wollen. Und dann: Schreiben Sie beides auf!

Der nächste Schritt ist besonders wichtig, um ein gutes Verhandlungsergebnis zu erzielen: Machen Sie sich bewusst, was passiert, wenn die Verhandlung scheitert. Vor allem in Stresssituationen neigen Menschen zu irrationalem Verhalten. Wir ziehen uns auf Extrempositionen zurück und lassen die Situation verhärten. Oder aber wir lassen uns von Taktiken des anderen oder der Dynamik der Situation einfangen und machen Zugeständnisse, die wir später bereuen.

Eine der einfachsten und gleichzeitig wirkungsvollsten

Techniken, um Ziele durchzusetzen, ist schlicht und einfach „Sturheit“. Sie könnten das auch als „Aussitzeritis“ oder „Starrsinn“ beschreiben. Fakt ist aber, wenn Sie es schaffen, sich lange genug nicht zu bewegen, erreichen Sie teilweise unglaublich viel. Einfach dadurch, dass der andere sich im Zugzwang fühlt. Bewegen Sie sich nur dann, wenn der andere sich bewegt. Die Basis für dieses Aussitzen ist natürlich wieder, dass Ihnen Ihre Ziele absolut klar sind.

Machen Sie sich Ihre Ziele bewusst und kommuni-
zieren Sie Ihre Ziele. Überprüfen Sie ständig, ob **30**
das, was Sie tun, Sie Ihrem Ziel näherbringt.

6.2 Harvard-Konzept

In einer sehr umfassenden Studie haben Wissenschaftler der Harvard-Universität herausgefunden, was die wichtigsten Faktoren sind, um ein Win-win-Ergebnis zu erzielen:

- Menschen und Probleme voneinander trennen.
- Nicht über Positionen, sondern über Interessen verhandeln.
- Alternativen entwickeln, die allen Beteiligten nutzen.
- Objektive Kriterien finden, mit denen das Verhandlungsergebnis bewertet werden kann.

Menschen und Probleme voneinander trennen

Menschen sind Rollenträger: Einkäufer, Vater, Nachbar usw. Das Problem in der zwischenmenschlichen Kommunikation ist nun aber, dass wir einen Menschen auf die Rolle reduzieren, in der wir ihn erleben. Solange dieses Rollensetting positiv besetzt ist, ist das nicht weiter schlimm. Schwierig wird es bei negativen Rollenvorgaben, wie z. B.: ein Vorgesetzter will einen Mitarbeiter abmahnen, Einkäufer wollen sowieso nur den Preis drücken usw. Wir neigen dazu, die Probleme des Rollenkontextes auf den Menschen als Ganzen zu übertragen – den Menschen als Problem zu betrachten. Machen Sie sich bewusst, dass Sie Ihr Gegenüber immer nur in einem bestimmten Kontext wahrnehmen. Achten Sie darauf, dass diese Rollenmuster nicht Ihre Wahrnehmung der Person überschatten. Der Mensch ist nicht das Problem, sondern die Rolle, die er ausfüllt. Trennen Sie die Person vom Problem und ihrer Rolle. Finden Sie z. B. sympathische Details oder stellen Sie sich den Menschen in einem anderen, sympathischen Kontext vor.

Nicht über Positionen, sondern über Interessen verhandeln

Verhandlungsgegenstände kann man in zwei Dimensionen aufteilen: Positionen und Interessen (siehe Kapitel 2.3). Positionen sind einzelne Forderungen, Standpunkte oder Teilziele. Das Reden und Verhandeln über Positionen gleicht oft einem Feilschen auf dem Jahrmarkt. Interessen hingegen sind die Motive und die Hintergründe, aus denen die Positionen entstehen. Sie haben immer einen deutlich globaleren Rahmen als Positionen. Häufig streiten wir über Positionen, die vor dem Hintergrund der Interessen gar nicht zielführend sein können (siehe Kapitel 2.3).

Positionen	Interessen
Standpunkt Teilziel Einzelnes Angebot Bedingungen Termine Fristen Feilschen	Motive Globale Ziele Werte Grundsätzliches Bedürfnisse Ängste Vorlieben

Um den ganzen Prozess noch etwas herausfordernder zu gestalten, sind an Verhandlungen oftmals nicht nur die offensichtlich Beteiligten beteiligt. Vor allem in komplexen Verhandlungen können Sie davon ausgehen, dass Nichtanwesende massive Interessen bezogen auf das Verhandlungsergebnis haben. Natürlich werden diese „Hidden Stakeholder" versuchen, die Verhandlung in ihrem Sinne zu beeinflussen. Es hat daher Sinn, die Interessen auf drei Ebenen, den eigenen Interessen, den Interessen des anderen und den Kontextinteressen, zu analysieren.

Checkliste: Interessen

Eigene Interessen

Welche meiner Interessen sind mir besonders wichtig?

____

Was, wenn ich ein/dieses Ziel nicht erreiche?

____

Interessen des anderen

Wenn ich in der Rolle des anderen wäre: Was wären meine primären Interessen?

____

Kann ich diese Interessen in der Verhandlung voll offenbaren?

____

Welche Personen beeinflussen mich?

____

Was müsste passieren, damit ich zustimme?

____

Was dürfte nicht passieren?

____

Alternativen entwickeln, die allen Beteiligten nutzen

Schon beim „MAMA-Konzept" und bei der „Angebot-Plus-Technik" haben wir über den Nutzen von Alternativen gesprochen. Hier geht es darum, möglichst viele Möglichkeiten zu eruieren mit dem Ziel, daraus einen Weg wählen zu können, der für beide einen möglichst hohen Nutzen bei geringem Aufwand bedeutet.

Doch eins nach dem anderen. Alternativen sind immer Optionen, also Möglichkeiten. Bewerten Sie sie bitte immer erst ganz am Schluss. Schon häufig war eine scheinbar abwegige Option am Ende der Königsweg.

Alternativen als Verhandlungsmasse

Die Qualität eines Verhandlungsergebnisses hängt entscheidend davon ab, wie stark Sie in der Lage sind, Alternativen für sich selbst und natürlich auch für Ihren Partner zu entwickeln. Ihrer Kreativität sind hier keine Grenzen gesetzt.

Zahlreiche Alternativen nutzen Ihnen schon allein dadurch, dass Sie den anderen aus einer sturen, unflexiblen Haltung lösen. Die wenigsten Menschen sind in der Lage, stur zu bleiben, wenn ihnen zahllose Alternativmöglichkeiten um die Ohren fliegen.

Ein weiterer Wert von Alternativen liegt darin, dass Kosten und Nutzen von Lösungen nicht unbedingt proportional sind. Das bedeutet: Wenn ich Ihnen z. B. einen Gefallen tue, kann der Nutzen, den Sie daraus ziehen, wesentlich größer sein als mein Aufwand (und umgekehrt natürlich).

Je kreativer Sie in der Entwicklung von Alternativen werden und je intensiver Sie sich über die Interessen Ihres Partners Gedanken gemacht haben, desto höher sind Ihre Chancen, einen Königsweg zu finden.

Lösen Sie sich bei der Entwicklung von Alternativen vom klassischen linearen Ursache-Wirkung-Denken. Viele Wirkzusammenhänge sind uns nicht bewusst,

Bewertungen und Grenznutzen sind so unterschiedlich wie die betreffenden Menschen.

Alternativen außerhalb der Verhandlung

Häufig willigen Verhandlungspartner in unbefriedigende Ergebnisse ein, weil sie sich eine Frage nicht gestellt haben: „Was sind meine Möglichkeiten, wenn ich nicht verhandle oder die Verhandlung abbreche?" Stellen Sie sich daher grundsätzlich folgende Frage: „Was ist meine beste Alternative außerhalb der Verhandlung?"
Diese Null-Option wird häufig ignoriert. Dabei ist sie von absolut zentraler Bedeutung. Viele Akteure stehen nach einer Verhandlung schlechter da als vorher. Wir gehen oft mit einer scheinbaren Zwangsläufigkeit in eine Verhandlung, der Zwangsläufigkeit, dass ein Ergebnis nur durch Verhandeln erzielt werden kann. Ein Ergebnis kann durchaus immer auch ohne Verhandlung erzielt werden, die Frage ist nur, wie gut dieses Ergebnis ist. Deshalb noch einmal:

- „Was ist meine beste Alternative außerhalb der Verhandlung?"
- „Was ist mein Ergebnis außerhalb der Verhandlung?"
- „Wie kann ich dieses Ergebnis außerhalb der Verhandlung verbessern?"
- „Wie kann ich die Qualität meiner besten Alternative außerhalb der Verhandlung erhöhen?"

Das Verhandlungsergebnis muss mindestens die gleiche Qualität haben wie die beste Alternative außer-

halb der Verhandlung. Können Sie mit der Verhandlung nur ein schlechteres Ergebnis erzielen, so brechen Sie sie ab.
Natürlich hat Ihr Verhandlungspartner auch Alternativen außerhalb einer Verhandlung. Wenn Sie diese Alternativen kennen, können Sie den Spielraum abschätzen, den Ihr Gegenüber ausnutzen kann.

Objektive Bewertungskriterien entwickeln

In vielen Seminaren hat sich dieser Part als einer der schwierigsten herausgestellt. Die Grundfrage, die hinter objektiven Kriterien steht, lautet: „Wie kann ich sicherstellen, dass ich nicht über den Tisch gezogen werde, und wie kann ich dem anderen versichern, dass auch er nicht über den Tisch gezogen wird?"
In vielen Bereichen wurden inzwischen allgemein anerkannte Standards definiert. Um einen fairen Mietpreis zu definieren, orientiert man sich am Mietspiegel, beim Gebrauchtwagenkauf an der Schwacke-Liste.
Je komplexer und differenzierter eine Verhandlung ist, umso seltener kann auf vorgefertigte Standards zurückgegriffen werden. Jetzt kommt es darauf an, gemeinsam solche Maßstäbe festzulegen, die für das Ergebnis bindend sind. Mögliche Ansatzpunkte für die Entwicklung solcher Standards sind z. B.:

- allgemein akzeptierte Grundsätze
- Präzedenzfälle
- bisherige Praxis
- Wertgutachten/Richtwerte

Reziprozität bedeutet, dass das Verhandlungsergebnis für den jeweils anderen genauso gelten würde. Wenn das Ergebnis reziprok ist, wird es als gerecht oder zumindest gerechter empfunden. Wenn Sie die Reziprozität eines Verhandlungsergebnisses analysieren wollen, eignen sich folgende Fragen:

- Würden Sie das Angebot akzeptieren, wenn Sie der andere wären?
- Bei welchen Gelegenheiten ist der andere in einer ähnlichen Situation wie Sie jetzt?
- Würde er in dieser Situation das Verhandlungsergebnis akzeptieren?

Objektive Standards haben mehrere Vorteile:

- Alle Beteiligten erleben das Ergebnis als fair.
- Der Verhandlungsspielraum der anderen Seite wird eingegrenzt, da niemand den Rahmen der Fairness verlassen will.
- Der andere hat eine gute Basis, um sein Ergebnis bei seinen Auftraggebern zu rechtfertigen.

30 *Das Harvard-Konzept ist ein Werkzeug, um eine für alle Beteiligten optimale Lösung zu erreichen. Die vier Hauptbausteine des Konzeptes sind: die Person vom Problem trennen, nicht über Positionen, sondern über Interessen verhandeln, Alternativen finden, die allen nutzen, und objektive Bewertungskriterien entwickeln.*

6.3 Nein sagen

Idealerweise haben Sie die Elemente des Harvard-Konzepts jetzt wirklich verinnerlicht. Sie streben nach Ausgleich, beachten die Interessen aller Beteiligten und suchen nach einem guten, produktiven Klima.
Leider hat die Suche nach einem produktiven Klima einen gravierenden Nachteil: Oft gewinnt nämlich das Harmoniestreben die Oberhand und wir machen Zugeständnisse, die alles andere als angemessen sind.
„Nein" scheint dann ein Wort zu sein, das entweder im Wortschatz gar nicht mehr vorhanden ist oder schon beim Gedanken daran eine massive Sprechhemmung auslöst.

Sagen Sie, was Sie wollen

Sag, was Du willst, und Du kriegst, was Du verlangst. Sagen Sie, was Sie wollen, auch wenn das dem anderen nicht gefällt. Sagen Sie auch, warum Sie das wollen. Und sagen Sie ebenso deutlich, was Sie nicht wollen. Ihr Verhandlungspartner kann Ihre Ausstiegskriterien nicht riechen. Sagen Sie also deutlich, wo Ihre Grenzen sind. Aber: Bluffen Sie nicht. Sagen Sie Nein nur, wenn Sie Nein meinen.

Ermutigen Sie zum Neinsagen

So paradox es auch klingen mag: Machen Sie Ihrem Verhandlungspartner deutlich, dass er „Nein" sagen kann und auch soll. Ihr Gegenüber hat die gleichen Gesprächshemmungen wie Sie. Nur, wie sollen Sie herausbekommen, was seine Grenzen sind, wenn er es nicht sagt? Machen Sie im Gespräch klar, was Sie wollen. Machen Sie aber ebenfalls klar, dass es völlig in Ordnung ist, Nein zu sagen.

Bauen Sie Vertrauen auf

Vertrauen aufbauen – leichter gesagt als getan. Vertrauen entsteht über drei Wege: gemeinsame Erfahrungen, gehaltene Versprechen und – über gegebenes Vertrauen. Leider haben Sie mit Ihrem Verhandlungspartner keine unendliche Historie gemeinsamer Erfahrungen. Der erste Punkt scheidet in der Verhandlungssituation also aus. Sie können aber, um Vertrauen aufzubauen, gezielt kleinere Versprechen geben, zu denen Sie dann auch stehen. Faszinierenderweise gehört zu diesen Versprechen auch das Neinsagen. Alles, was Sie für den anderen berechenbarer macht, macht Sie auch zuverlässiger.

30 ***Erfolgreich verhandeln bedeutet, Ziele durchzusetzen. Damit das gelingt, müssen Ihnen Ihre Ziele bewusst sein. Verwenden Sie die Methoden des Harvard-Konzepts, um Lösungen zu finden, die für alle Verhandlungspartner optimal sind. Damit Ihre Win-win-Lösungen nachhaltig sind, müssen Sie Grenzen setzen. Ein klares Nein macht Ihre Grenzen deutlich. Es macht Sie aber auch greifbarer. Lernen Sie, Nein zu sagen, ohne die Beziehung zum Verhandlungspartner zu gefährden (Trennen von Person und Problem).***

Fast Reader

1. Vorbereitung

Strategische Verhandlungsvorbereitung ist wichtig, denn sie liefert Ihnen den Rahmen für alles, was Sie weiterhin tun.
Die taktische Vorbereitung füllt Ihre „Werkzeugkiste." Man kann Taktiken auf der Inhalts- und der Prozessebene sowie auf der Ebene der Person einsetzen.

Eine gute Vorbereitung ist die Basis für ein gutes Verhandlungsergebnis. Mit dem MAMA-Konzept schaffen Sie sich den strategischen Rahmen Ihrer Verhandlung. Auf der taktischen Seite planen Sie Ihre Argumente. Und Sie machen sich Ihre Stärken und Schwächen auf der Sach-, der Prozess- und der persönlichen Ebene bewusst. Mit der Angebot-Plus-Technik bauen Sie Ihre Verhandlungsmasse auf.

2. Überzeugend argumentieren

Überzeugung ist das Abwägen von positiven und negativen Konsequenzen. Diese Konsequenzen sind in Wahrheit Emotionen. Derjenige, dem es besser gelingt, seinen Standpunkt zielgerichtet zu emotionalisieren, ist beim Verhandeln im Vorteil.

30 ***Überzeugung ist ein Gefühl! Argumente und Gegenargumente sind deshalb oft nur vorgeschobene Positionen und treffen weder den Kern noch sind sie zielführend. Verhandeln Sie nicht über diese Positionen, sondern fragen Sie immer nach den Interessen, die dahinterstehen. Verbinden Sie Argumente durch Nutzenbrücken mit den Interessen Ihres Partners. Nutzen Sie die ZANBA-Methode, um mit Ihren Argumenten die optimale Wirkung zu erzielen. Und stellen Sie Fragen.***

3. Mit Gegenargumenten umgehen

Lassen Sie sich nicht durch Gegenargumente überraschen. Versetzen Sie sich in den anderen hinein und überlegen Sie, wie Sie aus dessen Position heraus argumentieren würden. Entscheiden Sie bewusst, welche Argumente Sie aufnehmen.

Effektive Gegenargumentation hat nichts mit „Dagegenhalten" zu tun. Es gibt Techniken, mit denen Sie die Energie des anderen für sich nutzen können.

30

- ***Bereiten Sie sich gut auf die möglichen Gegenargumente Ihres Gesprächspartners vor!***
- ***Unterscheiden Sie echte Gegenargumente von Vorwänden.***
- ***Anstatt Argumenten mit Argumenten zu begegnen, können Sie diese auch ignorieren, ihnen ausweichen oder sie thematisieren.***
- ***Eine besonders elegante Form der Gegenargumentation sind Fragen.***
- ***Gehen Sie auch bei der Gegenargumentation strukturiert vor. Besonders geeignet ist das PUF-Konzept: puffern, umformen, fragen.***

4. Gespräche steuern

Jede Verhandlung sollte vier Phasen durchlaufen: Die Eröffnungsphase dient zum Kennenlernen und zum Aufbau einer tragfähigen Beziehungsbasis. In der Analysephase sammeln Sie Informationen, bringen Alternativen ins Spiel und trennen vor allem das Sammeln vom Bewerten. Erst in der Lösungsphase findet der Interessensausgleich und damit die eigentliche Verhandlung statt. In der Abschlussphase führen Sie alles zusammen und stellen sicher, dass sich keine Missverständnisse eingeschlichen haben.

30 ***Verhandlungen können in eine Sackgasse geraten oder aber emotional und unsachlich werden.***

- ***Lösen Sie festgefahrene Situationen auf, indem Sie die Perspektive ändern und/oder zusätzliche Alternativen ins Gespräch einbringen.***
- ***Kontrollieren Sie Ihre Emotionen oder Ihre Emotionen kontrollieren Sie!***
- ***Beachten und nutzen Sie die Phasen, die jede Verhandlung durchläuft. Trennen Sie vor allem Sammeln von Bewerten in der Analysephase.***
- ***Rescue-Fragen sind offene Fragen, die man sich vor der Verhandlung überlegt und die man selbst dann benutzt, wenn sie nicht hundertprozentig passen.***

5. Taktik einsetzen

Druck-Taktiken sollen den Partner zu vorschnellen Entscheidungen drängen. Sie nutzen Angst und Überraschung zum eigenen Vorteil. Natürlich sind sie nicht geeignet, um eine tragfähige Beziehungsbasis zu etablieren.

30 ***Taktiken sind die operativen Maßnahmen, mit denen Sie Ihre Strategie durchsetzen. Druck-Tak-***

tiken sind stark emotional besetzt. Sie sind sehr wirkungsvoll, bergen aber immer das Risiko, Abwehr auszulösen. Kontext-Taktiken sind weniger aggressiv und lösen daher weniger Widerstände aus. Sie verändern vielmehr den Bezugsrahmen und die Vergleichsmaßstäbe des anderen. Gut eingesetzte Kontext-Taktiken sind nicht nur wirkungsvoll, sondern auch sehr nachhaltig.

6. Lösungen finden

Erfolgreich verhandeln bedeutet, Ziele durchzusetzen. Damit das gelingt, müssen Ihnen Ihre Ziele aber auch bewusst sein.

Verwenden Sie die Methoden des Harvard-Konzepts, um Lösungen zu finden, die für alle Verhandlungspartner optimal sind. Damit Ihre Win-win-Lösungen nachhaltig sind, müssen Sie Grenzen setzen. 30

Ein klares Nein macht Ihre Grenzen deutlich. Es macht Sie aber auch greifbarer. Lernen Sie, Nein zu sagen, ohne die Beziehung zum Verhandlungspartner zu gefährden (Trennen von Person und Problem).

Weiterführende Literatur

- **Borbonus, Rene:** Respekt! Wie Sie Ansehen bei Freund und Feind gewinnen. Berlin: Econ Verlag 2011.

- **Brandl, Peter:** Crash-Kommunikation. Warum Piloten versagen und Manager Fehler machen. Offenbach: GABAL Verlag 2010.

- **Covey, Steven:** Die 7 Wege zur Effektivität. Prinzipien für persönlichen und beruflichen Erfolg. Offenbach: GABAL Verlag 2005.

- **Fisher, Roger/Ury, William L./Patton, Bruce M./ Egger, Ulrich:** Das Harvard Konzept. Der Klassiker der Verhandlungstechnik. Übers. v. Werner Raith und Wilfried Hof. 23. Aufl. Frankfurt/M.: Campus Verlag 2009.

- **V. Oetinger, Bolko/v. Ghyczy, Thiha/Bassford, Christopher:** Clausewitz: Strategie denken. München: Deutscher Taschenbuch Verlag 2003.

- **Sun Zi:** Die Kunst des Krieges. München: Droemer Knaur 1996.

- **Watzlawick, Paul:** Menschliche Kommunikation: Formen, Störungen, Paradoxien. 11. Auflage. Bern: Huber-Verlag 2007.

Der Autor

Peter Brandl, Unternehmer und Managementtrainer, aber auch Berufspilot und Fluglehrer, gilt als einer der führenden Kommunikationsexperten im deutschsprachigen Raum.
Mit über 2000 Veranstaltungstagen in den letzten 15 Jahren zählt er zu den gefragtesten und bestgebuchten Vortragsrednern und Managementtrainern.
Er berät und trainiert Leistungsträger in Unternehmen zu Kommunikation, Verhandlungstechniken und Konfliktmanagement. Seine Kunden profitieren dabei von seiner langjährigen Managementpraxis als Vertriebsleiter und Geschäftsführer.
Zu seinen Kunden zählen große Unternehmen wie die Audi Akademie, Commerzbank AG, Credit Suisse AG, Fresenius Medical Care AG, MTU Südafrika, Deutsche Post AG, Novartis Pharma GmbH, aber auch ambitionierte Mittelständler.

Weitere Informationen unter:
www.peterbrandl.com.

Register